高等学校大数据管理与应用专业系列教材

Python 数据分析

薛福亮 主编

单春玲 李欢 韩瀛 编著

清华大学出版社
北京

内容简介

作为一本学习 Python 数据分析的入门教程，本书系统地介绍了 Python 语言基础和使用 Python 第三方库进行数据分析、数据可视化、科学计算及机器学习等方面的知识。

本书共 7 章：第 1 章介绍数据分析领域的基本理论和概念；第 2 章介绍 Python 语言，包括基本语法、流程控制、组合数据类型及函数等内容；第 3 章介绍 Python 科学计算基础库 NumPy 中各种数组运算和操作；第 4 章介绍当前数据分析领域最主流的包 Pandas；第 5 章介绍使用 Matplotlib 和 pyecharts 进行数据可视化的知识；第 6 章简单介绍科学计算和机器学习的基本概念和方法；第 7 章为综合案例。

本书内容简明易懂、重点突出、案例丰富。可作为高等院校信息管理与信息系统、数据科学及大数据技术等相关专业的本科生教材，也可作为 Python 数据分析初学者的参考书。

本书封面贴有清华大学出版社防伪标签，无标签者不得销售。
版权所有，侵权必究。举报：010-62782989，beiqinquan@tup.tsinghua.edu.cn。

图书在版编目(CIP)数据

Python 数据分析/薛福亮主编. —北京：清华大学出版社，2021.9(2025.1重印)
高等学校大数据管理与应用专业系列教材
ISBN 978-7-302-58999-0

Ⅰ.①P… Ⅱ.①薛… Ⅲ.①软件工具－程序设计－高等学校－教材 Ⅳ.①TP311.561

中国版本图书馆 CIP 数据核字(2021)第 172894 号

责任编辑：刘向威　常晓敏
封面设计：文　静
责任校对：焦丽丽
责任印制：刘　菲

出版发行：清华大学出版社
　　　　网　　址：https://www.tup.com.cn, https://www.wqxuetang.com
　　　　地　　址：北京清华大学学研大厦 A 座　　邮　　编：100084
　　　　社 总 机：010-83470000　　邮　　购：010-62786544
　　　　投稿与读者服务：010-62776969, c-service@tup.tsinghua.edu.cn
　　　　质量反馈：010-62772015, zhiliang@tup.tsinghua.edu.cn
　　　　课件下载：https://www.tup.com.cn, 010-83470410
印 装 者：涿州市般润文化传播有限公司
经　　销：全国新华书店
开　　本：185mm×260mm　　印　张：12.5　　字　数：305 千字
版　　次：2021 年 9 月第 1 版　　印　次：2025 年 1 月第 5 次印刷
印　　数：5001～5800
定　　价：49.00 元

产品编号：093025-01

前言

随着大数据、互联网技术的飞速发展，每天都会产生海量的数据，可以说数据无处不在。政府、企业和学界都已充分认识到数据的重要性。面对海量数据，如何进行汇总、整合、分析，是摆在大家面前的一个重要议题。

数据分析是指为了提取有用的信息和形成结论而对数据加以详细研究和概括总结的过程。数据分析涵盖的内容很广，涉及领域包括数学、统计学、计算机科学以及数据科学等。在大数据和人工智能时代，对数据分析专业人才的需求日益旺盛，同时对于其他行业，具备数据分析能力的复合人才同样不可或缺。

欲善其事，先利其器。近年来，Python语言在数据分析、数据挖掘、机器学习等领域中的应用越来越普及，除了Python语言自身简洁优雅，具有良好的可扩展性和跨平台性等优点外，其完善的计算生态和大量优秀的第三方库的支持是Python能够称为诸多新兴计算领域主流工具的一个重要原因。

对于广大高等院校的学生而言，不论所学专业，初步掌握数据分析的理论、方法和工具同样大有裨益。本书作者所在高校近年来一直在持续推进计算机公共基础课程教学的改革，结合不同专业的特点经充分研究论证后，制定了分层次的计算机课程教学体系。第一层次注重计算机基础理论、计算思维和程序设计能力的培养；第二层次侧重数据分析基本方法和技能的培养。经过多个教学周期的积累和总结，在教学内容、方法以及实践操作等方面有了一定的心得和经验，本书便是在近年来数据分析课程的教学基础上加以总结、提炼，编写而成的。

参与编写本书的作者均为天津财经大学管理科学与工程学院管理信息系统系教师。其中，单春玲负责编写第1章和第5章；韩瀛负责编写第2章和第3章；李欢负责编写第4章；薛福亮担任主编并负责编写第6章和第7章。

本书编写过程中，得到清华大学出版社的大力支持，在此对各位编辑的辛勤工作表示衷心感谢。此外，我们还参考了很多学者的著作并从中汲取了很多有益的知识和思想，在此一并表示感谢。

由于作者水平有限且成书时间仓促，书中不足之处在所难免，敬请各位同行和读者批评指正。

作 者

2021年5月

目录

第 1 章　数据分析概述 ··· 001
1.1　什么是数据分析 ·· 001
1.1.1　数据的类型 ·· 001
1.1.2　数据分析的过程 ·· 002
1.1.3　与数据分析相关的概念 ·· 003
1.2　为何用 Python 进行数据分析 ··· 004
1.2.1　Python 语言的特点 ··· 004
1.2.2　Python 在数据分析方面的优势 ·· 005
1.3　重要的 Python 库 ··· 005
1.3.1　NumPy ·· 005
1.3.2　SciPy ·· 005
1.3.3　Pandas ·· 006
1.3.4　Matplotlib ·· 006
1.3.5　pyecharts ··· 006
1.3.6　StatsModels ··· 006
1.3.7　scikit-learn ··· 006
1.4　Anaconda 的安装和使用 ·· 006
1.4.1　Anaconda 的下载 ·· 007
1.4.2　Anaconda 的安装 ·· 007
1.4.3　安装和更新 Python 包 ·· 008
1.5　Jupyter Notebook 的使用 ·· 010
1.5.1　打开 Jupyter Notebook ··· 010
1.5.2　Jupyter Notebook 中代码的编辑与运行 ······································· 010
1.6　本章小结 ·· 012

第 2 章　Python 程序设计基础 ·· 013
2.1　Python 语言基础 ··· 013
2.1.1　对象、变量和标识符 ·· 013
2.1.2　内置数据类型 ··· 015

  2.1.3 运算符和表达式 ……………………………………………… 017
  2.1.4 Python 中的函数和模块 …………………………………… 021
 2.2 流程控制 ……………………………………………………………… 024
  2.2.1 顺序结构 …………………………………………………… 024
  2.2.2 选择结构 …………………………………………………… 024
  2.2.3 循环结构 …………………………………………………… 027
 2.3 Python 组合数据类型 ………………………………………………… 032
  2.3.1 列表 ………………………………………………………… 033
  2.3.2 元组 ………………………………………………………… 037
  2.3.3 字符串 ……………………………………………………… 037
  2.3.4 字典 ………………………………………………………… 040
 2.4 函数 …………………………………………………………………… 041
  2.4.1 函数的定义和调用 ………………………………………… 041
  2.4.2 函数参数和返回值 ………………………………………… 042
  2.4.3 lambda 表达式 ……………………………………………… 045
  2.4.4 递归函数 …………………………………………………… 046
  2.4.5 函数式编程和高阶函数 …………………………………… 047
 2.5 本章小结 ……………………………………………………………… 048

第 3 章　NumPy 基础 …………………………………………………………… 049

 3.1 多维数组对象 ndarray ………………………………………………… 049
  3.1.1 ndarray 对象的创建 ………………………………………… 050
  3.1.2 ndarray 对象的属性 ………………………………………… 053
  3.1.3 随机数数组 ………………………………………………… 054
 3.2 数组的基本操作 ……………………………………………………… 055
  3.2.1 数组的索引和切片 ………………………………………… 055
  3.2.2 数组形状变换 ……………………………………………… 058
  3.2.3 数组转置和轴对换 ………………………………………… 060
  3.2.4 数组的合并与拆分 ………………………………………… 063
 3.3 数组的运算 …………………………………………………………… 065
  3.3.1 数组运算和广播机制 ……………………………………… 065
  3.3.2 数组的排序 ………………………………………………… 071
  3.3.3 统计运算 …………………………………………………… 073
  3.3.4 线性代数运算 ……………………………………………… 074
 3.4 一个有趣的数组应用实例 …………………………………………… 075
 3.5 本章小结 ……………………………………………………………… 081

第 4 章 Pandas 数据分析 …………………………………………………… 082

4.1 Pandas 数据结构及创建 ……………………………………………… 082
4.1.1 Pandas 数据结构概述 …………………………………………… 082
4.1.2 创建 Series 数据结构 …………………………………………… 084
4.1.3 创建 DataFrame 数据结构 ……………………………………… 085

4.2 DataFrame 基本操作 ………………………………………………… 088
4.2.1 基本列操作 ……………………………………………………… 088
4.2.2 基本行操作 ……………………………………………………… 091

4.3 Pandas 检索 …………………………………………………………… 093
4.3.1 基本检索 ………………………………………………………… 094
4.3.2 多行检索 ………………………………………………………… 095
4.3.3 多列检索 ………………………………………………………… 097
4.3.4 行列检索 ………………………………………………………… 098
4.3.5 条件检索 ………………………………………………………… 101
4.3.6 重新检索 ………………………………………………………… 102
4.3.7 更换检索 ………………………………………………………… 103

4.4 Pandas 数据运算 ……………………………………………………… 105
4.4.1 算术运算 ………………………………………………………… 105
4.4.2 排序 ……………………………………………………………… 108
4.4.3 函数应用和映射 ………………………………………………… 110
4.4.4 统计方法 ………………………………………………………… 113

4.5 Pandas 处理缺失值 …………………………………………………… 115
4.5.1 查找缺失值 ……………………………………………………… 115
4.5.2 删除缺失值 ……………………………………………………… 116
4.5.3 填充缺失值 ……………………………………………………… 118

4.6 数据载入与输出 ……………………………………………………… 120
4.6.1 读/写文本文件 ………………………………………………… 120
4.6.2 读/写 Excel 文件 ……………………………………………… 122

4.7 数据聚合与分组 ……………………………………………………… 123
4.7.1 merge 数据合并 ………………………………………………… 123
4.7.2 concat 轴向连接 ………………………………………………… 127
4.7.3 检测与处理重复值 ……………………………………………… 131
4.7.4 数据分组 ………………………………………………………… 133

4.8 综合案例 ……………………………………………………………… 136
4.8.1 背景介绍 ………………………………………………………… 136
4.8.2 数据整理目标 …………………………………………………… 137
4.8.3 数据读取与初步探索 …………………………………………… 137
4.8.4 数据的清洗与整理 ……………………………………………… 138

  4.8.5 数据查看 …………………………………………………………… 140

  4.8.6 数据的分组整理 ……………………………………………………… 142

  4.8.7 数据保存 …………………………………………………………… 145

 4.9 本章小结 ……………………………………………………………………… 145

第 5 章 数据可视化 ……………………………………………………………… 147

 5.1 Matplotlib 可视化 …………………………………………………………… 147

  5.1.1 Matplotlib 基本图形 …………………………………………………… 147

  5.1.2 Matplotlib 自定义设置 ………………………………………………… 158

 5.2 pyecharts 可视化 …………………………………………………………… 162

  5.2.1 pyecharts 的安装和使用 ……………………………………………… 162

  5.2.2 pyecharts 的常用图形 ………………………………………………… 162

 5.3 本章小结 ……………………………………………………………………… 173

第 6 章 科学计算与机器学习 ………………………………………………………… 174

 6.1 SciPy 科学计算库 …………………………………………………………… 174

  6.1.1 SciPy 简介 …………………………………………………………… 174

  6.1.2 SciPy 常量包 ………………………………………………………… 175

  6.1.3 SciPy 积分 …………………………………………………………… 175

 6.2 scikit-learn 机器学习库 ……………………………………………………… 176

  6.2.1 线性回归 …………………………………………………………… 176

  6.2.2 逻辑回归 …………………………………………………………… 177

  6.2.3 k 均值聚类 ………………………………………………………… 179

 6.3 本章小结 ……………………………………………………………………… 180

第 7 章 机器学习综合案例 …………………………………………………………… 181

 7.1 "泰坦尼克"事件的生存率预测 ……………………………………………… 181

  7.1.1 提出问题 …………………………………………………………… 181

  7.1.2 理解数据 …………………………………………………………… 182

  7.1.3 数据基本分析 ……………………………………………………… 183

  7.1.4 数据预处理 ………………………………………………………… 186

  7.1.5 逻辑回归建模 ……………………………………………………… 188

 7.2 本章小结 ……………………………………………………………………… 190

参考文献 ……………………………………………………………………………… 191

第1章 数据分析概述

本章学习目标
- 了解数据分析的概念。
- 了解 Python 的特点和优势。
- 了解 Python 数据分析的重要库。
- 掌握 Anaconda 的安装和使用。

本章主要介绍数据分析的概念、Python 的特点和优势、Python 数据分析的重要第三方库以及 Anaconda 的安装和使用。

1.1 什么是数据分析

数据分析是指为了提取有用的信息和形成结论而对数据加以详细研究和概括总结的过程。数据分析涵盖的内容很广,涉及领域包括数学、统计学、计算机科学以及数据科学等。一般来说,数据分析分为狭义的数据分析和广义的数据分析。

狭义的数据分析更侧重传统的统计分析领域,可以进一步分为描述性数据分析,探索性数据分析以及验证性数据分析。其中,描述性数据分析主要用于获得数据的整体分布信息,分析数据的集中和离散趋势;探索性数据分析侧重在数据中发现新的特征,找出数据中存在的规律;验证性数据分析则侧重对已有假设进行证实或证伪。狭义的数据分析常用的方法包括对比分析、分组分析、交叉分析和回归分析等分析方法。

广义的数据分析除了狭义数据分析外,还包含数据挖掘(data mining)。数据挖掘是指从大量的、不完全的、有噪声的、模糊的数据中抽取隐含的、以前未知的、具有潜在应用价值的信息的过程,并为管理决策提供支持。广义的数据分析方法包括聚类、分类、回归和关联规则等。

数据分析的应用领域十分广阔。例如,利用消费者的购物数据可以分析消费者的喜好,预测消费者的购物行为,进行产品推荐;利用医疗数据对病人的病情进行分析,寻找最佳的治疗方案;对城市的交通数据进行分析,预测实时路况,改善交通拥堵的状况;对生产线上的产品数据进行分析,能够及时发现产品质量问题,降低企业的生产成本。

1.1.1 数据的类型

当人们谈论数据时,主要的关注点是结构化数据。结构化数据主要分为数组数据和表格型数据。

数组数据:可以是一维数组或多维数组(矩阵)。数组一般为同构数据的容器,即其中的所有元素都需要相同的类型。

表格型数据：每列数据可以是不同的类型，可以是字符串类型、数值类型、布尔类型、日期或其他类型。这类数据通常存储在关系数据库、Excel文件，由制表符、逗号分隔的文本文件(CSV文件)中。

除结构化数据之外，还有大量的半结构化和非结构化数据。这两类数据的数据格式更为多样，如文本、XML、HTML、图形、图像、音频和视频等。对半结构化和非结构化数据来说，通常需要从数据集中提出特征，形成一种结构化形式。例如，一篇新闻文章的数据集可以被处理为一个词频表，然后再用于情感分析。

1.1.2 数据分析的过程

数据分析应按照一定的流程进行，主要包括定义分析目标、数据采集、数据预处理、选择数据分析方法以及展示分析结果。

1. 定义分析目标

针对具体的数据分析应用需求，首先需要明确本次数据分析的目标以及要达到的效果。因此，必须分析相关领域的背景知识，弄清用户需求，明确分析的目标。

2. 数据采集

数据采集，又称为"数据获取"或"数据收集"，即按照分析的目标，从数据源中收集相关数据。数据时代下，数据的来源越来越丰富，包括各种销售事务数据、股票交易数据、过程测量数据、科学实验数据、环境监测数据、医疗保健数据以及社会化媒体数据等。通常需要选择用于进行分析的变量和记录，而且对来自多个数据源的记录也需要进行合并处理。目前，数据收集的工具种类繁多，如各种关系数据库、Python数据爬虫工具、八爪鱼数据采集器、火车头数据采集器等。

3. 数据预处理

获得的数据通常是含有噪声的、不完整的和不一致的数据，不能直接用于数据分析。数据预处理就是要删除异常数据，填补缺失数据，修正数据之间的不一致性。因此，数据预处理过程包括数据集成、数据清洗、数据变换以及数据规约等。数据预处理是一个烦琐的过程，花在数据预处理上的时间往往超过数据分析其他阶段花费的时间。

4. 选择数据分析方法

经过预处理数据之后，接下来就要根据数据分析的目标选择某种数据分析方法并进行分析。常见的数据分析方法包括相关分析、聚类分析、回归分析、分类分析、关联分析、文本分析以及各种机器学习算法。数据分析的目的是从杂乱无章的数据中发现有用的知识，以指导人们进行科学的决策。

5. 展示分析结果

通过图表的方式对数据分析的结果进行直观展示，以便于他人理解，这就是数据可视化。合适的数据可视化技术，能够提高人们阅读数据分析结果的能力。目前，数据可视化工具基本以表格、图形、地图等可视化元素为主，数据可进行过滤、钻取、数据联动、高亮显示等动态分析。常见的数据可视化工具包括 Python、Tableau、Microsoft Power BI、SAS Visual Analytics 等。

1.1.3 与数据分析相关的概念

1. 数据挖掘

随着数据收集和存储工具的快速发展,数据呈现出了爆炸式地增长。为了从海量数据中发现有价值的信息,产生了数据挖掘技术。数据挖掘,又称为数据库中的知识发现(knowledge discovery in database,KDD),是从大量数据中挖掘有趣模式和知识的过程。与数据挖掘相关的领域包括人工智能、机器学习、模式识别、统计学、数据库以及可视化技术等。数据挖掘常用的分析方法有回归分析、关联分析、分类分析、聚类分析、离群点分析等。"数据挖掘"和"数据分析"通常被相提并论,并在许多场合被认为是可以相互替代的术语。无论是数据分析还是数据挖掘,都是帮助人们收集、分析数据,使之成为信息并做出判断,因此可以合称为数据分析与挖掘。

2. 商务智能

对于商务而言,需要更好地理解顾客、市场、供应和资源以及竞争对手的信息。商务智能(business intelligence,BI)是结合架构、工具、数据库、分析工具和应用的涵盖性术语,提供商务运作的历史、现状和预测视图。商务智能基于数据仓库,而数据挖掘是商务智能的核心。BI的过程是把数据转换为信息,再转换为决策,最后到行动。通过商务智能,商务企业可以更有效地进行市场分析,比较类似产品的顾客反馈,发现竞争对手的优缺点,留住最有价值的顾客。

3. 大数据分析

随着大数据时代的到来,大数据分析也应运而生。大数据(big data)指无法在一定时间范围内用常规软件工具进行捕捉、管理和处理的数据集合,是需要新处理模式才能具有更强的决策力、洞察发现力和流程优化能力的海量、高增长率和多样化的信息资产。大数据的特点可以概括为5V,数据量大(volume)、速度快(velocity)、类型多(variety)、具有价值(value)以及真实性(veracity)。由于大数据分析要处理大量、非结构化的数据,因此在各处理环节中都可以采用并行处理。目前,Hadoop、MapReduce和Spark等分布式处理方式已经成为大数据处理各环节的通用方法。大数据已经成为国家、组织和个人的重要财富,同时大数据、云计算、移动商务和社交网络组成的新兴技术也深刻地影响着人们的日常生活和企业的组织运营。

4. 机器学习

机器学习是一门多领域交叉学科,专门研究计算机如何模拟或实现人类的学习行为,以获取新的知识或技能,重新组织已有的知识结构并使之不断改善自身的性能。机器学习使得计算机基于数据能够自动地学习和识别复杂模式,并做出智能判断。机器学习常用的算法包括决策树、支持向量机、随机森林、人工神经网络、深度学习等。机器学习主要应用于人工智能领域,如图像分析、自然语言处理、语音识别、手写体识别、无人驾驶等。阿尔法围棋(AlphaGo)就是一款围棋人工智能程序,其主要工作原理是深度学习。

1.2 为何用 Python 进行数据分析

对许多人来说,Python 编程语言拥有强大的吸引力,目前已经成为数据科学、机器学习、数据可视化和学术/工业界通用软件开发领域最重要的语言之一。与其他开源或商业编程语言相比,如 R、MATLAB、SAS、Stata 等,拥有自身的许多特点和优势。

1.2.1 Python 语言的特点

1. 简单易学

Python 是一种面向对象的解释型高级语言,其设计准则是"优雅""明确""简单",这些准则被称为 Python 格言。在 Python 解释器内运行 import this 命令可以获得完整的列表。Python 语法简单,易学易用。用户可以不必过多考虑计算机底层的操作,就能够编写清晰易懂、实现所需功能的程序。

2. 免费开源

Python 是免费、开源的自由软件。在遵循 GPL(GNU general public license,GNU 通用公共许可证)协议的基础上,用户可以自由下载使用,阅读源代码,对软件进行任何改动或再次开发并予以发布,这也是 Python 能够得到不断发展的一个重要因素。

3. 跨平台特性

Python 作为一门解释型语言,天生具有跨平台的特性。只要为平台提供相应的 Python 解释器,Python 就可以在该平台上运行。因此,在 Windows、UNIX、Linux、MacOS 等操作系统上,或者在 Android 等移动端操作系统上都支持 Python 程序的运行。因此,Python 程序具有较高的可移植性。

4. 丰富的第三方库

Python 提供了功能丰富的标准库(Python standard library),基本实现了所有常见的功能,从简单的字符串处理到复杂的 3D 图形绘制,借助 Python 库函数都可以轻松完成。除了 Python 官方提供的标准库,目前还有数以十万计的 Python 第三方库可供使用,覆盖了几乎所有的计算领域。很多第三方机构都参与开发,其中就有 Google、Facebook、Microsoft 等软件巨头。Python 也提供了方便的第三方库安装工具(pip)。此外,Python 发展出了一个大型的、活跃的、完备的社区生态,服务于科学计算及数据分析等各领域。

5. 应用领域广

Python 的应用领域广阔,涵盖了 Web 和 Internet 开发、数值处理和科学计算、系统编程、图形处理、人工智能、大数据分析与处理、机器学习、自动化运维、云计算、物联网等几乎所有的领域。随着版本的不断更新和新功能的增加,Python 已越来越多被用于独立的大型项目开发。目前,几乎所有大中型互联网企业都在使用 Python,如豆瓣、知乎、Google、Yahoo 等。此外,在人工智能领域,Google 的深度学习框架 TensorFlow 全部由 Python 实现。

1.2.2　Python在数据分析方面的优势

1．数据爬取的优势

Python是目前最流行的数据爬虫语言。拥有许多支持数据爬取的第三方库，如requests、selenium，以及号称目前最强大的爬虫框架Scrapy，使用Python可以爬取网络上公布的大部分数据。

2．数据分析的优势

Python在科学计算方面的成功，部分原因是它很容易整合C、C++和FORTRAN等语言的代码，许多人把Python作为一种"胶水语言"（glue language）来使用。Python作为科学计算的一流工具已经有几十年的历史了，它还被应用于大型数据集的分析和可视化。Python之所以能在数据科学领域被广泛应用，主要是因为它的第三方程序包拥有庞大而活跃的生态系统：NumPy可以处理同类型数组型数据，Pandas可以处理多种类型带标签的数据，SciPy可以解决常见的科学计算问题，scikit-learn可以进行机器学习。

3．数据可视化的优势

数据可视化是数据分析中的重要任务之一，Python有很多附加库可以用来制作静态或者动态的可视化文件。例如，最基础的Python可视化库Matplotlib，基于Matplotlib的高级可视化效果库Seaborn，交互式可视化库Bokeh和HoloViews，企业级分析和可视化的在线工具Plotly，用于地理数据可视化库geoplotlib以及基于百度开源Echarts的PyeCharts库等。这些库的开发和使用大大丰富了Python的数据可视化功能。

1.3　重要的Python库

在数据分析方面，Python需要靠第三方扩展库来增强其功能。常用的库有NumPy、SciPy、Pandas、Matplotlib、pyecharts、StatsModels和scikit-learn等。下面对这些常用库进行简单的介绍。

1.3.1　NumPy

NumPy(Numerical Python)是Python科学计算的基础包，包含了快速、高效的多维数组对象ndarray，能够对数组执行元素级的计算，提供了直接对数组执行数学运算的函数，从而对数据进行快速处理。NumPy数组是存储单一数据类型的多维数组，比Python内建的数据结构（如列表）能够更有效地存储和操作数据。许多用于数据分析的扩展库，如SciPy、Pandas、Matplotlib等都以NumPy作为其架构的基础。

1.3.2　SciPy

SciPy是基于NumPy开发的高端科学计算工具包，用于数学、科学、工程学等领域。SciPy提供了大量的基于矩阵运算的对象与函数，可对数据科学计算领域中的一些标准问题进行求解。SciPy的功能包括数值积分和微分方程求解、函数优化、信号处理和各种统计检验方法等。SciPy包含了不同的子模块，分别适用于不同的应用。

1.3.3 Pandas

Pandas 是 Python 下最强大的数据分析和探索工具之一，能够对结构化、表格化数据进行快速、简单的处理。Pandas 中的主要对象包括 Series 和 DataFrame。Series 为带标签的一维数组，DataFrame 用于实现表格化的数据结构，可以将 DataFrame 理解为 Series 的容器。Pandas 能够实现类似于关系数据库的灵活数据操作。在数据的重塑、切片、切块、聚合及数据子集选择等方面更加简单，并且在数据的载入和数据预处理方面表现卓越。因此，Pandas 成为了数据分析领域的重要第三方库。

1.3.4 Matplotlib

在数据分析领域，可视化技术越来越受到重视。Matplotlib 是最流行的 Python 绘图库，能够绘制出 MATLAB 风格的图形，并且生成的图形满足出版质量的级别要求。Matplotlib 中应用最广的是 Matplotlib.pyplot 模块，只需要调用 Pyplot 中的函数，就能够绘制折线图、柱状图、散点图、直方图、箱线图、热力图等图形，并且可以生成静态、动态和交互式的可视化图形。对于 Python 编程者来说也有许多其他可视化库，但 Matplotlib 凭借着与其他库良好的整合，成为目前使用最为广泛的绘图工具。

1.3.5 pyecharts

pyecharts 是 Python 与 ECharts 结合的强大的数据可视化工具。ECharts 是百度开源的一个可视化 JavaScript 库，其凭借良好的交互性，精巧的图表设计，得到了众多开发者的认可。pyecharts 主要基于 Web 浏览器进行显示，通过高度灵活的配置项，能够绘制折线图、柱状图、散点图、K 线图等 30 多种常见图表，也支持多图表、组件的联动和混合展现。

1.3.6 StatsModels

StatsModels 是 Python 中用于统计分析的库，用于拟合多种统计模型，执行统计测试以及数据探索和可视化。StatsModels 的功能包括线性回归模型、方差分析、时间序列分析、非参数方法和统计模型结果可视化等。

1.3.7 scikit-learn

scikit-learn 项目是 Python 的机器学习库，主要有数据预处理、模型选择、分类、聚类、数据降维和回归 6 个基本模块，包括的主要算法有支持向量机、随机森林、梯度提升、K 均值、DBSCAN、交叉验证和特征提取等。与 StatsModels 更关注统计推理相比，scikit-learn 更适合数据科学和机器学习领域。

1.4　Anaconda 的安装和使用

Anaconda 是一个开源的 Python 发行版本，包含了多种开发工具和大量第三方科学库的 Python 集成开发环境。Anaconda 中集成了数据科学领域中所需的大量科学包，而且提供了使用方便的包管理器 conda，免去了开发人员逐一下载并安装各种第三方包的烦琐工作,显著提高了工作效率。

1.4.1 Anaconda 的下载

Anaconda 下载的官方网址是 https://www.anaconda.com/products/individual,如图 1.1 所示。用户选择相应的操作系统(Windows、MacOS 或 Linux)以及版本(32 位或 64 位)下载即可。安装 Anaconda 后,不必再单独安装官方版的 Python 安装程序和常用的科学计算库。

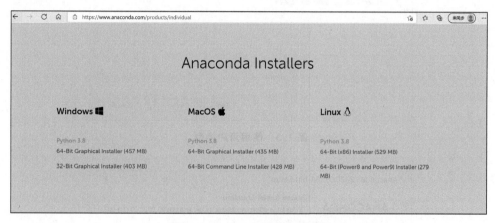

图 1.1 Anaconda 官方下载页面

为了提高下载速度,也可以使用国内的镜像网站。例如,选择清华大学 Anaconda 的开源软件镜像站(https://mirrors.tuna.tsinghua.edu.cn/anaconda/archive/)进行下载,如图 1.2 所示。

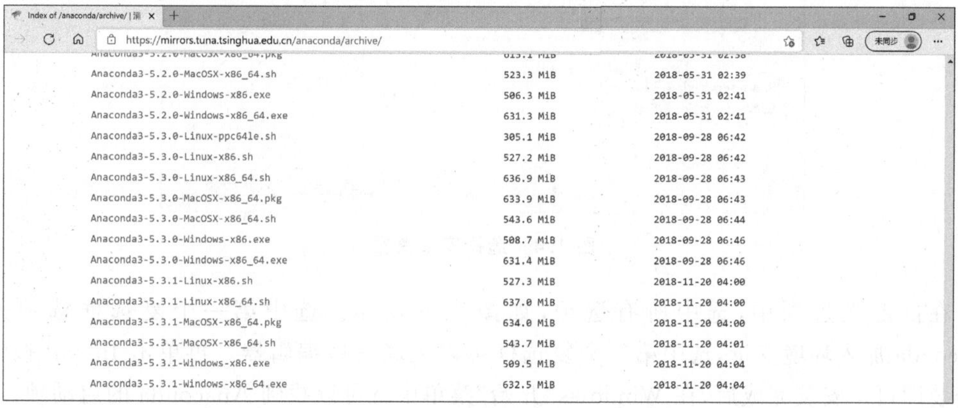

图 1.2 国内镜像下载网站

1.4.2 Anaconda 的安装

这里以 64 位操作系统为例,双击下载的安装程序进行安装。在欢迎界面单击 Next 按钮进入下一步,然后单击 I Agree 按钮同意安装。在接下来的界面中选择使用的用户类型如图 1.3 所示,然后选择安装路径,如图 1.4 所示,单击 Next 按钮。

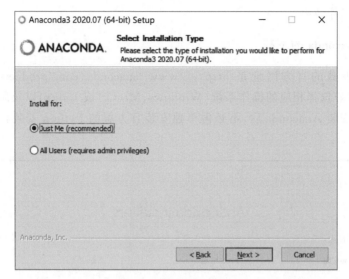

图 1.3　使用用户类型

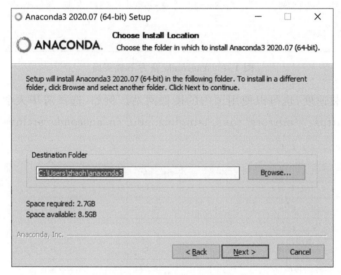

图 1.4　选择安装路径

在自定义选项中,选中所有选项,如图 1.5 所示。选中第一个复选框选项是把 Anaconda 加入环境变量,选中第二个复选框可以关联一些编辑器。再单击 Install 按钮进行安装即可。安装完成后,在 Windows"开始"菜单中就可以找到 Anaconda 的启动项。

1.4.3　安装和更新 Python 包

在开始菜单中,单击 Anaconda Prompt,在命令窗口中输入 conda list 命令可以查看已经安装的包,如图 1.6 所示。可以看到 Anaconda 集成了大量的包。

如果需要安装 Anaconda 不包含的额外的 Python 包,可以使用以下命令进行安装:

```
conda install package_name
```

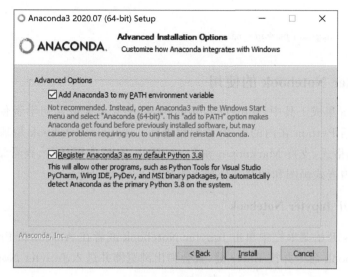

图 1.5　安装选项

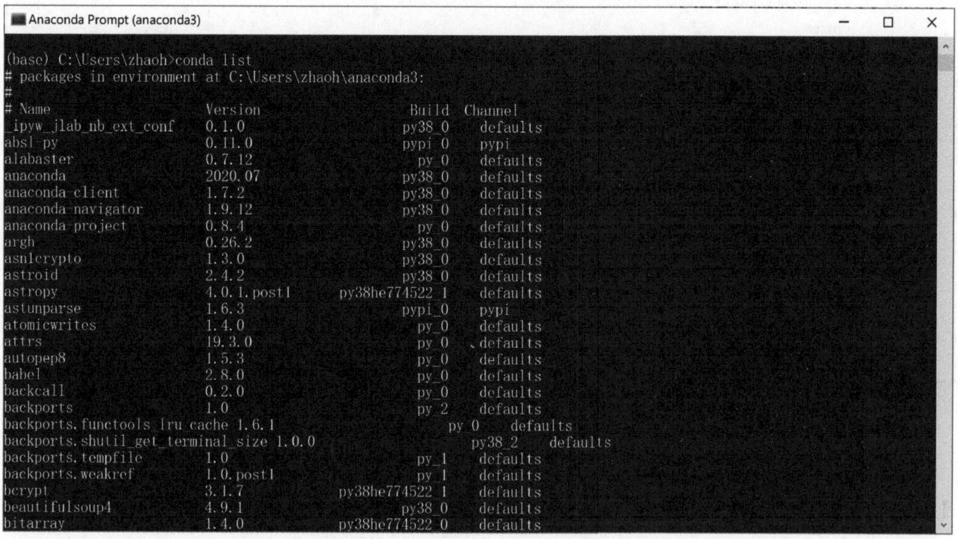

图 1.6　查看已安装的包

或者使用 pip 包管理工具进行安装：

pip install *package_name*

例如：

pip install jieba

如果需要更新已安装的包，可以使用下面的命令：

conda update *package_name*

或者：

```
pip install -- upgrade package_name
```

1.5　Jupyter Notebook 的使用

在 Anaconda 集成工具中，Jupyter Notebook 是一个非常适合初学者使用的交互式计算环境，支持包括 Python 在内的近 40 种编程语言。Jupyter Notebook 是基于 Web 技术的交互式计算文档格式，支持 Markdown 和 Latex 语法，支持代码运行、查看结果、文本输入、数学公式编辑、内嵌式画图和图片文件插入等功能。

1.5.1　打开 Jupyter Notebook

在 Windows 开始菜单栏中单击 Jupyter Notebook 或者在 Anaconda Prompt 窗口中输入 jupyter notebook 命令并按 Enter 键，就会弹出浏览器并进入 Jupyter Notebook 主界面，如图 1.7 所示。

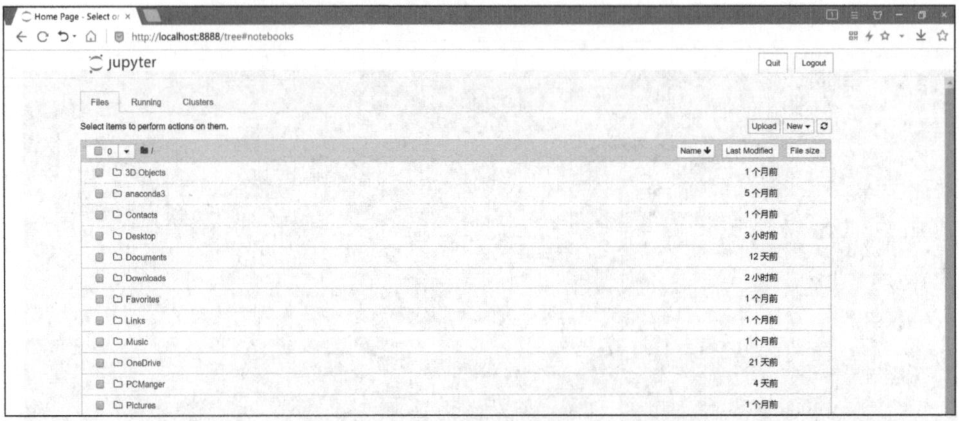

图 1.7　Jupyter 主界面

1.5.2　Jupyter Notebook 中代码的编辑与运行

在 Jupyter Notebook 主界面中单击 New 按钮，在下拉菜单中选择 Python 3，就可以在新窗口中打开一个基于 Python 内核的新 Notebook，如图 1.8 所示。从图 1.8 中可以看到 Notebook 的主要组成部分包括 Notebook 标题、菜单栏、工具栏和编辑区。

图 1.8　新建 Notebook 界面

若要重新命名 Notebook 标题,可以选择菜单项 File|Rename,输入新的名称,更改后的标题在 Jupyter 图标的右侧可以看到。

在编辑区可以看到一个单元格,称为 Cell,一个 Notebook 可以包含多个 Cell。每个 Cell 以"In[ ]"开头,表示这是一个代码单元,可以在其中输入代码并运行。例如,输入"6+6",单击工具栏中的"运行"按钮或按快捷键 Shift+Enter 即可运行代码并输出结果。结果以"Out[ ]"开头,并定位到新的单元格,如图1.9所示。

图1.9 输入代码并运行

Jupyter Notebook 中的 Cell 可以输入多条语句后一起运行,即可以运行一个完整的程序,而且每个单元格的语句或程序都可以任意修改并重新运行,使用起来非常灵活方便。例如,图1.10中的程序是先输入圆的半径,然后计算圆的周长和面积。

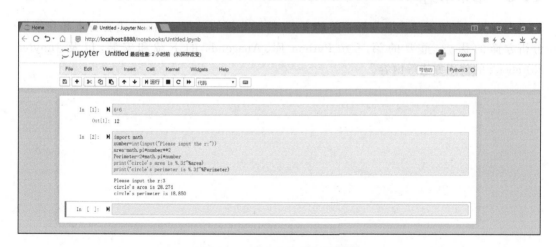

图1.10 输入多条语句并运行

在 Jupyter Notebook 可以通过改变单元格类型为 Markdown 来输入文本信息,如图1.11所示。

当保存 Notebook 时,单击菜单项 File|Save and Checkpoint 或工具栏上的 Save 按钮,会自动生成一个扩展名为.ipynb 的文件,这种文件格式包含 Notebook 中当前的所有内容(包括已经产生的输出结果),保存的文件可以被重新载入、编辑和运行。

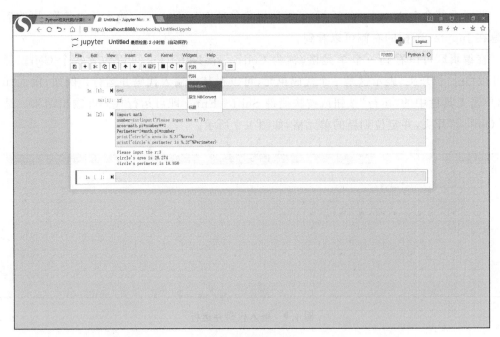

图 1.11　输入文本

1.6　本章小结

本章主要介绍了与数据分析相关的概念、数据分析的过程、Python 语言特点和在数据分析方面的优势、重要的第三方 Python 库、Anaconda 的下载和安装，以及 Jupyter Notebook 的使用方法等内容。

第2章 Python程序设计基础

本章学习目标
- 掌握 Python 语法基础,包括基本数据类型、运算符、表达式及常用内置函数等。
- 掌握分支、循环等程序控制结构。
- 掌握列表、元组、字符串及字典等数据结构。
- 掌握函数的定义和使用。

本章主要介绍 Python 语言的基础知识,包括基础语法,运算符和表达式,分支及循环等流程控制结构,列表、元组等组合数据类型,函数的定义和使用等。

2.1 Python 语言基础

2.1.1 对象、变量和标识符

1. 对象和变量

计算机程序通常会处理各种数据,在 Python 语言中,各种数据都表示为对象,数据对象存放于一个内存块中,拥有自己的特定值并支持特定类型的操作。Python 中的每个对象都有如下 3 个属性:标识(identity)、类型(type)和值(value)。标识用于唯一确定一个对象,每个对象都有区别于其他对象的标识,使用 Python 内置函数 id()可以查看对象的标识;类型用于标识对象所属的数据类型,不同的数据类型在取值范围、运算特性上也各有不同,可以使用内置函数 type()查看对象所属的类型;值则是对象本身所对应的数据,可以使用内置函数 print()输出对象的值。

【例 2-1】 使用内置函数 id()、type()和 print()查看对象的标识及类型。

```
In[1]: id(25)
Out[1]: 140733447592352
In[2]: type(25)
Out[2]: int
In[3]: print(25)
Out[3]: 25
```

例 2-1 中,25 是 Python 中的一个整数对象,其唯一标识是 140733447592352,其类型是 int,代表整数类型,25 是 int 类型的一个实例,其值就是字面值 25。

在 Python 3 版本中,对象是一个核心的概念,可以说语言中的一切都是对象,如函数、类等,也同样有相应的类型和标识。

变量是计算机程序设计语言中一个非常重要的概念,主要用于保存或引用程序中那些值会根据程序功能需要发生改变的量。如前所述,Python 中所有的数据都是对象,是位于内存中的一个数据块,为了使用这些数据,或者说为了引用这些对象,必须通过赋值语句把对象赋值给变量。因此,在 Python 语言中,变量是指向对象的引用,变量中记录着对象的标识。

【例 2-2】 用赋值语句使变量引用对象。

```
In[4]:
    a = 5
    b = 10
    c = a + b
    print(a,b,c)
Out[4]: 5 10 15
```

在例 2-2 中,将整数对象 5 赋值给变量 a,将整数对象 10 赋值给变量 b,将 a 和 b 相加的结果 15(也是一个整数对象)赋值给变量 c。也就是说,变量 a、b 和 c 分别引用对象 5、10 和 15。Python 语言中,变量的这种实现方式称为"引用语义",在变量中保存的是对象的引用,采用这种方式,所有变量所需的存储空间大小都是相同的。由于采用这种引用语义的变量实现方式,Python 实现为一种动态类型的语言,即变量在使用前不需要进行显示的类型声明,因为变量仅用于记录对象的引用,所以变量不需要限定类型,即可以引用任意类型的对象。Python 解释器会根据赋值给变量的对象的值自动确定其数据类型。因此,在 Python 中,赋值即声明,通过赋值使变量引用某一个对象。多个变量可以引用同一个对象,一个变量也可以根据需要改变引用,指向其他对象。

【例 2-3】 Python 中变量的动态类型示例。

```
In[5]:
    a = 5
    print(id(a),type(a))
    b = "Python"
    print(id(b),type(b))
    a = b
    print(id(a),type(a))
Out[5]:
    140733447591712   <class 'int'>
    2334364639984    <class 'str'>
    2334364639984    <class 'str'>
```

例 2-3 中,变量 a 和 b 开始分别引用整数对象 5 和字符串对象"Python",各自具有不同的标识和类型。执行赋值语句 a=b 后,变量 a 中所保存的引用变成和变量 b 一样,引用字符串对象"Python"。变量 a 的标识和类型相应也发生了变化。

Python 中的对象分为可变对象(mutable)和不可变对象(immutable)两大类。Python 中的 int、str、complex、tuple 等大多数对象都属于不可变对象,list、dict 等属于可变对象,其值是可以改变的。在程序中给变量重新赋值,并不会改变变量所引用的原对象的值,只是修改了变量中保存的引用,变量指向了另外一个对象,这一点要特别注意。

2. 标识符

标识符是程序中变量、函数、类、模块、包及其他对象的名称。如例 2-3 中的 a、b 和 c 为变量的名称，就都是标识符。Python 的标识符需要遵守一定的命名规则，标识符可以由字母、数字和下画线组成，第一个字符必须是字母或者下画线。例如，abc、num_1、_stName、s123 等都是合法的标识符；而像 1st、I'm 等形式都是不合法的标识符。

在命名标识符时还有一些需要注意的地方，Python 中的标识符区分大小写，如 NUM、Num 和 num 是 3 个不同的标识符；以双下画线开头或同时以双下画线开头和结尾的标识符通常具有特殊含义，应避免使用；此外，还应避免使用 Python 预定义标识符作为自定义标识符，如 int、tuple、list 等。

在 Python 中，有一组具有特定语法含义的保留标识符，称为关键字（keywords），这些关键字不能在程序中作为自定义标识符使用，Python 语言中的关键字如表 2.1 所示，具体含义和用法将在后续的章节中陆续介绍。

表 2.1 Python 语言中的关键字

关	键	字	
False	await	else	import	pass
None	break	except	in	raise
True	class	finally	is	return
and	continue	for	lambda	try
as	def	from	nonlocal	while
assert	del	global	not	with
async	elif	if	or	yield

2.1.2 内置数据类型

数据类型是任何一种程序设计语言中都具有的核心概念。Python 语言提供了丰富的内置数据类型，包括数字型（number）、字符串（string）、列表（list）、元组（tuple）、集合（set）和字典（dict）。

1. 数值类型

数值类型用于存储或处理数值，Python 中的数值类型包括整数类型（int）、浮点数类型（float）、布尔类型（bool）和复数类型（complex）。

整数类型（int）是用于表示整数的数据类型，不带小数点，包括正整数、0 和负整数。Python 3 中的 int 类型可以支持任意大的整数，仅受计算机内存大小的限制。Python 中可以使用的整数表示形式如下。

(1) 十进制整数，通常使用的整数形式，如 125、−36 等。

(2) 二进制整数，以 0b 为前缀，其后由 0 和 1 组成。例如，0b10 表示二进制数 101，即 $(101)_2$。

(3) 八进制整数，以 0o 或 0O 为前缀，其后由 0~7 的数字组成。例如，0o375 表示八进制数 375，即 $(375)_8$。

(4) 十六进制整数,以 0x 或 0X 为前缀,其后由 0～9 的数字和 a～f 字母或 A～F 字母组成。例如,0x175D 表示十六进制数 175D,即 $(175D)_{16}$。

浮点数类型(float)主要用于处理实数数据,由整数部分、小数点和小数部分组成,例如,1.0、3.14、-12.34 等。浮点数还可以用科学记数法的形式表示,用字母 e 或 E 表示以 10 为底的指数,e 之前为数字部分,之后为指数部分。例如,1.25E3 表示 1.25×10^3、3.7e-4 表示 3.7×10^{-4},注意指数部分一定是整数。

Python 中的布尔(bool)类型属于整数的子类型,主要用于逻辑运算,bool 类型包含两个值:True 和 False。布尔值在使用时注意第一个字母一定要大写。

Python 中的复数和数学中的复数在形式上是一致的,由实部和虚部组成,实部和虚部的值既可以是 int 类型,也可以是 float 类型,虚部加后缀 j 或 J 表示。例如,3+4j、2.4-1.2J 都是复数对象。

2. 字符串类型

Python 中的字符串(str)是字符组成的序列,可以由一对单引号(')、双引号(")或三引号(''')括起来。单引号和双引号都可以用于表示单行字符串,两者作用基本相同。使用单引号的字符串中可以包含双引号作为字符串的一部分。类似地,使用双引号的字符串中可以包含单引号作为字符串的一部分。三引号可以表示单行或多行的字符串。

此外,还有一些特殊情况。例如,在字符串中包含不可打印的控制字符时,可以使用转义字符来表示,其形式是反斜杠后面接一个特定的字符表示某种含义。常见的转义字符如表 2.2 所示。

表 2.2 常用转义字符

转 义 字 符	含 义
\'	单引号
\"	双引号
\\	反斜杠
\n	换行
\r	回车
\t	水平制表符
\v	垂直制表符

有关字符串操作以及列表、元组、字典等类型的详细内容将在本书 2.3 节中展开介绍。

3. NoneType

在 Python 中还有一种特殊的空类型 NoneType,这种类型中只有唯一的值 None,是一个特殊的常量,表示空值。注意:这个空值不等同于数值的 0、空字符串或布尔值 False。可以将 None 赋值给变量,但不能创建新的 NoneType 类型的对象。

4. Python 类型转换函数

在有些情况下,需要将一种数据类型的对象转换成另外一种数据类型,Python 提供了一组类型转换函数,可以显式地将对象转换为所需的数据类型。常用的类型转换函数如表 2.3 所示。

表 2.3　Python 类型转换函数

类型转换函数	功 能 描 述
int(x)	将 x 转换成整数
float(x)	将 x 转换成浮点数
complex(real [,imag])	根据 real 和 imag(可选)转换生成一个复数对象
str(x)	将 x 转换成字符串
tuple(s)	将序列类型对象 s 转换为元组
list(s)	将序列类型对象 s 转换为列表
chr(x)	将 Unicode 编码转换为对应的字符
ord(x)	将一个字符转换为对应的 Unicode 编码

【例 2-4】 类型转换函数使用示例。

```
In[6]:
    a = 65
    b = 31.4
    print(int(b))
    print(complex(a,b))
    print(chr(a))
Out[6]:
    31
    (65+31.4j)
    A
```

使用类型转换函数的过程中有以下几点需要注意：首先,类型转换函数不会改变原对象的数据类型,而是根据原对象的值和转换规则生成一个目标类型的新对象,如例 2-4 中,int(b)生成一个新的 int 对象 31,而变量 b 所引用的对象仍然保持原值 31.4；其次,类型转换过程中可能会有精度的损失,如例 2-4 中将 float 对象 31.4 转换为 int 对象,就只能保留其整数部分 31。

2.1.3　运算符和表达式

在程序中经常需要对数据进行所需的各种运算,包括算术运算、逻辑运算、关系运算等。Python 相应提供了多种类型的运算符完成这些不同的功能。使用运算符将各种运算对象按照一定的规则连接起来,并可得到确定运算结果的式子称为表达式。

1. 运算符

运算符是用来表示某种特定运算的符号,Python 语言提供了非常丰富的运算符,大体上可以分为以下几种类型：算术运算符、关系运算符、赋值运算符、逻辑运算符、位运算符、标识运算符和成员运算符。

1) 算术运算符

算术运算符用来实现各种算术运算,Python 中的算术运算符如表 2.4 所示,设变量 x 和 y 的值分别为 15 和 6。

表 2.4　Python 算术运算符

运 算 符	功 能 描 述	示　例	结　果
+	加法	x+y	21
-	减法	x-y	9
*	乘法	x*y	90
/	除法	x/y	2.5
//	整除	x//y	2
%	取余数	x%y	3
**	幂运算	x**2	225

2) 关系运算符

关系运算符也称比较运算符,用于对两个值进行比较,结果是 True 或 False。Python 语言中的关系运算符如表 2.5 所示,设变量 x 和 y 的值分别为 15 和 6。

表 2.5　Python 关系运算符

运 算 符	功 能 描 述	示　例	结　果
==	比较两个运算数是否相等,如果相等则结果为 True;否则为 False	x==y	False
!=	比较两个运算数是否不相等,如果不相等则结果为 True;否则结果为 False	x!=y	True
>	比较左侧运算数是否大于右侧运算数,如果大于结果为 True;否则结果为 False	x>y	True
<	比较左侧运算数是否小于右侧运算数,如果小于结果为 True;否则结果为 False	x<y	False
>=	比较左侧运算数是否大于或等于右侧运算数,如果大于或等于结果为 True;否则结果为 False	x>=y	True
<=	比较左侧运算数是否小于或等于右侧运算数,如果大于或等于结果为 True;否则结果为 False	x<=y	False

3) 赋值运算符

赋值运算符完成赋值运算,简单的赋值运算的一般形式为变量=表达式。除简单赋值运算符外,Python 还提供了将算术运算和赋值运算组合在一起的算术复合赋值运算符,可以使表达式的书写更为简洁。Python 语言的赋值运算符如表 2.6 所示,设变量 x 和 y 的值分别为 15 和 6。

表 2.6　Python 赋值运算符

运 算 符	功 能 描 述	示　例	结果(x 的值)
=	简单赋值运算符	x=x+y	21
+=	加法复合赋值运算符	x+=y,等价于 x=x+y	21
-=	减法复合赋值运算符	x-=y,等价于 x=x-y	9
*=	乘法复合赋值运算符	x*=y,等价于 x=x*y	90
/=	除法复合赋值运算符	x/=y,等价于 x=x/y	2.5
%=	取余复合赋值运算符	x%=y,等价于 x=x%y	3
**=	幂复合赋值运算符	x**=2,等价于 x=x**2	225
//=	整除赋值运算符	x//=y,等价于 x=x//y	2

除以上基本运算规则外,Python 中可以通过串联赋值的方式,将一个值赋给多个变量。例如,a=b=5;还可以多变量并行赋值,如 a,b=3,5,同时完成对变量 a 和 b 的赋值。此外,如果赋值运算符右侧是一个运算式,则应该将其视为一个整体。例如,a*=a+3,其计算逻辑应该是 a=a*(a+3),而不是 a=a*a+3。

4) 逻辑运算符

逻辑运算符包括 and(逻辑与)、or(逻辑或)和 not(逻辑非)。其中,not 的运算结果一定是布尔值 True 或 False;and 和 or 运算具有"短路"特性,即从左向右解析运算式,一旦能够确定运算结果就不再向后求值了,因此 and 和 or 的运算结果不一定是布尔值。逻辑运算的具体规则如表 2.7 所示。

表 2.7 Python 逻辑运算规则

运算符	功能描述	示例
and	x and y:如果 x 为 True 或其他类型的非零、非空值,运算结果为 y 的值;如果 x 为 False 或其他类型的零值、空值时,运算结果为 x 的值	True and 12 结果为 12 'ab' and False 结果为 False False and 'abc' 结果为 False 0 and True 结果为 0
or	x or y:如果 x 为 True 或其他类型的非零、非空值,运算结果为 x 的值;如果 x 为 False 或其他类型的零值、空值时,运算结果为 y 的值	True or 'abc' 结果为 True 12 or False 结果为 12 0 or True 结果为 True False or 'abc' 结果为 'abc'
not	not x:如果 x 为 True 或其他类型的非零、非空值,运算结果为 False;如果 x 为 False 或其他类型的零值、空值时,运算结果为 True	not True 结果为 False not 12 结果为 False not 0 结果为 True

5) 位运算符

位运算符是把数值对应的二进制数按位(bit)进行操作的一类运算符。Python 中的位运算符如表 2.8 所示,假设变量 x 和 y 的值分别为 15 和 6。

表 2.8 Python 位运算符

运算符	功能描述	示例	结果
&	按位与运算,两个运算数对应位均为 1,则该位结果为 1;否则结果为 0	a&b	6
|	按位或运算,两个运算数对应位至少有一个为 1,则该位结果为 1;否则结果为 0	a|b	15
^	按位异或运算,两个运算数对应位不相同时运算结果为 1,两个运算数对应位相同时结果为 0	a^b	9
~	按位取反运算,将运算数的每个二进制位取反,即 1 变成 0,0 变成 1,对变量 a 按位取反的结果是 −(a+1)	~a	−16
<<	左移位运算,运算数的各个二进制位向左移动若干位,移动位数由第二个运算数确定,高位丢弃,低位补 0	b<<3	48
>>	右移位运算,运算数的各个二进制位向右移动若干位,移动位数由第二个运算数确定,低位丢弃,高位补 0 及符号位	b>>2	1

表 2.8 中列举的位运算规则和计算机基础知识部分介绍过的二进制位运算是完全一致的,在分析这些运算的结果时,需要注意在计算机中机器数是以补码形式表示的。

6) 标识运算符

标识运算符,也称同一运算符,用于判断两个运算数是否为同一个对象或是否引用同一个对象,计算结果为 True 或 False。Python 中的标识运算符如表 2.9 所示。

表 2.9 Python 标识运算符

运算符	功能描述	示例	结果
is	判断两个运算数是否为(或引用)同一对象	x is y	如果 id(x)等于 id(y),则结果为 True;否则结果为 False
is not	判断两个运算数是否为(或引用)不同对象	x is not y	如果 id(x)不等于 id(y),则结果为 True;否则结果为 False

7) 成员运算符

成员运算符主要用于判断一个对象是否为另一个对象的成员,计算结果为 True 或 False,常用于字符串、列表等序列数据类型。Python 中的成员运算符如表 2.10 所示,假设字符串变量 s='Python'。

表 2.10 Python 成员运算符

运算符	功能描述	示例	结果
in	判断第 1 个运算数是否为第 2 个运算数的成员,如果是则结果为 True;否则为 False	'P' in s 'Th' in s	True False
not in	判断第 1 个运算数是否为第 2 个运算数的成员,如果不是则结果为 True;否则结果为 False	'P' not in s 'Th' not in s	False True

8) 其他运算符

除上述 7 类运算符外,Python 还有一些其他运算符,如索引访问运算符"[ ]"、切片操作运算符"[:]"、属性访问运算符"."、函数调用运算符"( )"等。这些运算符将在后面的章节中介绍。

9) 运算符的优先级小结

Python 中常用运算符的优先级,如表 2.11 所示。

表 2.11 Python 常用运算符优先级(从高到低排列)

优先级	运算符	描述
1	[ ]、[:]、( )、.	索引、切片、函数调用、属性访问
2	**	幂
3	+、-、~	正、负、按位取反
4	*、/、//、%	乘、除、整除、取余
5	+、-	加、减
6	<<、>>	移位
7	&	按位与

续表

优先级	运算符	描述
8	^	按位异或
9	|	按位或
10	in、not in、is、not is、==、!=、>、>=、<、<=	成员，标识，比较
11	not	逻辑非
12	and	逻辑与
13	or	逻辑或
14	=、+=、-=、/=、*=、%=、**=	赋值，复合赋值

2. 表达式

表达式是可以通过计算产生结果并返回结果对象的代码片段，表达式由运算数和运算符按照一定的规则组成。运算数可以是字面值、变量、函数、类的成员等，也可以是子表达式。表达式的书写应该遵守 Python 中运算符的使用规则，其计算按照表 2.11 中所列优先级的顺序进行，同时可以使用小括号改变运算顺序，小括号可以嵌套出现，即一个小括号内还可以有其他的小括号。Python 表达式中也会出现中括号和大括号，但它们都具有特定的含义和用法，而不是用来改变运算顺序的。

【例 2-5】 将算术运算式 $\dfrac{-b+\sqrt{b^2-4ac}}{2a}$ 写成 Python 语言表达式。

Python 表达式为

(-b+(b*b-4*a*c)**0.5)/(2*a)

【例 2-6】 计算表达式 5+2**3*7+(15//4) 的值。

计算过程：先计算小括号内的表达式 15//4，结果为 3，再计算 2**3，结果为 8，再计算 8*7，结果为 56，最后依次计算 5+56+3，结果为 64。

由不同数值类型运算数对象构成的混合表达式，在计算过程中可能会发生隐式的类型转换。转换的顺序是 bool→int→float→complex，即如果表达式中有 complex 对象，则其他对象自动转换为 complex 对象；如果没有 complex 对象但是有 float 对象，则其他对象自动转换为 float 对象，以此类推。

【例 2-7】 混合运算中的自动类型转换。

```
In[7]: True + 1
Out[7]: 2
In[8]: 2.5+(3+4j)
Out[8]: (5.5+4j)
```

2.1.4 Python 中的函数和模块

函数是程序设计语言中一个非常重要的概念，指用于实现某种特定功能、可复用的代码段。Python 中提供了一些实现常用功能的内置函数。模块是一种程序组织方式，将相关的一组可执行代码、函数、类等组织为一个独立的文件，可供其他程序使用，Python 标准库的各个模块提供了非常丰富的函数。此外,还可以根据用户程序的特定需要编写自定义函数。

1. Python 常用内置函数

Python 语言提供了一些常用功能的内置函数,如 print()、type()、id() 以及类型转换函数等。Python 内置函数可以在用户程序中直接使用,无须导入其他模块。常用的 Python 内置函数如表 2.12 所示。

表 2.12 Python 常用内置函数

函 数	功 能 描 述
print(value,…,sep=' ', end='\n')	默认向屏幕输出数据,多个数据用空格分隔,结尾以换行符结束
input(prompt=None)	接收键盘输入,显示提示信息,返回字符串
help(obj)	显示对象 obj 的帮助信息
eval(source, globals=None, locals=None)	计算字符串中表达式的值并返回
type(obj)	返回对象 obj 的类型
id(obj)	返回对象 obj 的标识
abs(x)	返回 x 的绝对值
pow(base, exp, mod=None)	返回以 base 为底,exp 为指数的幂,如给出 mod 则返回 base 的 exp 次幂对 mod 取模的结果
max(iterable)	返回序列 iterable 中值最大的元素
max(arg1, arg2,…)	返回多个参数中值最大者
min(iterable)	返回序列 iterable 中值最小的元素
min(arg1, arg2,…)	返回多个参数中值最小者
round(number, ndigits=None)	返回 number 四舍五入的值,ndigits 表示舍入到小数点后的位数,如不指定 ndigits,则保留整数
sum(iterable, start=0)	返回序列 iterable 中所有元素之和,如果指定 start,则返回 start+sum(iterable)
len(obj)	返回容器 obj(列表、元组、字符串、集合等)中元素的个数
sorted(iterable, key=None, reverse=False)	返回序列对象 iterable 排序后的结果列表,key 指定带有单个参数的函数,用于从 iterable 的每个元素中提取用于比较的键,reverse 指定排序规则为升序还是降序,默认为升序
reversed(seq)	根据序列 seq 生成一个方向迭代器对象

下面简单介绍最常用的输入和输出函数。print() 函数是使用 Python 编写程序过程中最常用到的数据输出函数,其基本格式如下:

    print(value,…, sep = ' ', end = '\n')

其中,value 是要输出的对象,可以一次输出多个对象,用逗号隔开; sep 表示输出多个对象之间的分隔符,默认为空格; end 是输出后的结束符,默认为 '\n',表示换行。

【例 2-8】 print() 函数示例。

```
In[9]:
    s = "Hello"
    t = "Python"
```

```
print(s,t)
print(s,t,sep = ' * ')
print(s)
print(t)
print(s,end = ' ')
print(t)
```
Out[9]:
```
Hello Python
Hello * Python
Hello
Python
Hello Python
```

注意：如果要指定 sep 或 end 参数，则必须使用命名参数指定参数值，即"sep＝参数值"和"end＝参数值"这样的形式。

input()函数主要用于接收键盘数据输入，其格式为 input(prompt = None)，参数 prompt 是提示用户输入的信息，内容可以是任意字符串，也可以省略。用户输入后按 Enter 键，input()函数以字符串的形式返回用户从键盘上输入的内容，通常将其返回值赋给一个变量以供后续使用。

【**例 2-9**】 input()函数示例。

In[10]:
```
x = input("Please input your name:")
y = input("How old are you:")
print(x,'is',y,'years old.')
```

程序运行后，根据提示依次输入 Python 和 32 并按 Enter 键，输出如下：

Out[10]: Python is 32 years old.

2. 使用 Python 标准库模块

Python 标准库涉及范围十分广泛，前面介绍的内置数据类型、内置函数都是标准库的组成部分。除此之外，Python 标准库还提供了非常丰富的模块可供程序开发人员使用，覆盖了开发各种类型应用系统所需的功能。

标准库中的模块在使用之前均需要显式导入，导入之后才能使用该模块中定义的类、函数等。模块导入的方式有 3 种，moduleName 在此代表要导入的模块名称。

方式一：import moduleName1,moduleName2 …

这种方法可以一次导入多个模块，用逗号隔开。导入后在使用模块中定义的函数时，需要在函数名前以模块名作为前缀。例如，导入 math 模块。

【**例 2-10**】 导入 math 模块。

In[11]:
```
import math
print(math.sqrt(16))
print(math.pi)
```
Out[11]:
```
4.0
3.141592653589793
```

方式二：from moduleName import *

方式二的形式表示从模块中导入所有内容。以这种方式导入,使用其中定义的函数时不需要加模块名前缀。

方式三：from moduleName import object

方式三的方法从模块中导入由 object 指定的内容,如某个函数。可以一次导入多个项目,用逗号隔开。导入后使用时也不需要加模块名前缀,这种方式除了所导入的指定项之外,不能使用模块中的其他函数或常量。

2.2 流程控制

程序通常由若干语句构成,这些语句根据解决问题的需要按照不同的顺序执行。程序的具体执行顺序是由程序中的流程控制结构决定的,Python 中的基本流程控制结构包括顺序结构、选择结构和循环结构。

2.2.1 顺序结构

顺序结构是指程序中的各条语句按照语句书写的先后顺序依次执行。

【例 2-11】 从键盘输入半径 r,计算球体表面积和体积,结果保留两位小数。球体表面积计算公式为 $4\pi r^2$,体积计算公式为 $\frac{4}{3}\pi r^3$。

```
In[12]:
    from math import *
    r = float(input("请输入半径:"))
    s = round(4 * pi * r * r,2)
    v = round(4/3 * pi * pow(r,3),2)
    print("球表面积为:",s)
    print("球体积为:",v)
```

程序运行后,假设从键盘输入 4.8,运行结果如下：

```
Out[12]:
    球表面积为: 289.53
    球体积为: 463.25
```

2.2.2 选择结构

选择结构又称为分支结构,根据条件判断的结果选择执行程序的不同分支。Python 中选择结构的基本形式有单分支 if 语句、双分支 if…else…语句和多分支 if…elif…else 语句。这 3 种结构的流程如图 2.1 所示。

1. 单分支选择结构

单分支选择结构的流程如图 2.1(a)所示,单分支 if 语句的语法形式如下：

```
if 条件表达式:
    语句块
```

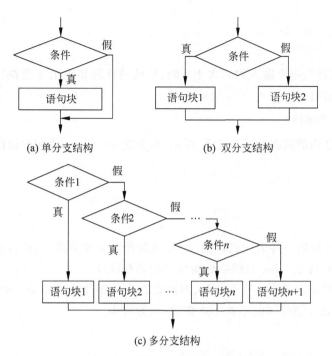

图 2.1　if 语句的 3 种基本结构

说明：条件表达式可以是逻辑表达式、关系表达式或算术表达式等。当条件表达式的值为 bool 值 True 时，执行 if 后面的语句块。非零数值、非空字符串及非空的组合数据类型（列表、元组、字典）的值都视为 True。当条件表达式的值为 bool 值 False 时，if 后的语句块不执行，数值 0、空字符串、空列表、空元组、空字典等值均视为 False。表达式后面的冒号（:）必不可少。if 后面的语句块可以是一条语句，也可以是多条语句。语句块为多条语句时也称为"复合语句"，表示这多条语句逻辑上是一个整体，要么都执行，要么都不执行。整个语句块必须具有相同的缩进，代码缩进是 Python 语法中的强制要求，解释器依赖缩进来分析代码段在逻辑上的关系，相同层次的语句必须使用一致的缩进，可以是相同数量的空格或者制表键(Tab)，建议使用制表键且尽量不要混用。后面陆续学习的其他分支结构、循环结构、函数定义等，均有强制缩进的要求。

【例 2-12】　在例 2-11 的基础上增加输入数据检查，当半径 r 是正数时，计算球表面积和体积；否则不进行计算。

```
In[13]:
    from math import *
    r = float(input("请输入半径:"))
    if r > 0:
        s = round(4 * pi * r * r, 2)
        v = round(4/3 * pi * pow(r,3), 2)
        print("球表面积为:", s)
        print("球体积为:", v)
```

运行后，假设用户从键盘上输入 4，则输出如下：

Out[13]:
　　球表面积为：201.06
　　球体积为：268.08

在本例中，只有当用户输入的 r 大于 0 时，后续的计算和输出才会执行，否则程序不执行后续的计算和输出。

2. 双分支选择结构

双分支选择结构的流程如图 2.1(b)所示，双分支 if…else…语句的语法形式如下：

if 条件表达式：
　　语句块 1
else：
　　语句块 2

说明：如果 if 后的条件表达式值为 True 或其他类型非空值，则执行语句块 1；否则执行 else 后面的语句块 2。else 关键字后面也必须要有冒号。

【例 2-13】 提示用户输入一个年份，判断是否为闰年并输出结果。如果一个年份可以整除 400，或者能被 4 整除同时不被 100 整除，则为闰年。

```
In[14]:
    y = int(input("请输入年份:"))
    if y % 400 == 0 or y % 4 == 0 and y % 100!= 0:
        print(y,"年是闰年.")
    else:
        print(y,"年不是闰年.")
```

运行程序，假设从键盘输入 2004，输出结果如下：

Out[14]：2004 是闰年.

3. 多分支选择结构

如果需要在多种可能中选择其中一种，则需要使用多分支选择结构。多分支选择结构的流程如图 2.1(c)所示，多分支 if…elif…else…语句的语法形式如下：

if 条件表达式 1：
　　语句块 1
elif 条件表达式 2：
　　语句块 2
…
elif 条件表达式 n：
　　语句块 n
else：
　　语句块 n + 1

说明：多分支选择结构在执行时，从表达式 1 开始依次判断，当某个表达式的值为 True 或其他类型非空值时，执行其后的语句块；如果表达式 1 到表达式 n 的值均为 False 或其他空值，则执行 else 后面的语句块 n+1。结构中 elif 子句可以是一个或者多个，每个后面都有冒号。多分支结构中备选项不管有几个，只有其中之一会被执行。

【例 2-14】 编写将百分制成绩转换为五档等级的程序。假设成绩均为正数,90 及 90 分以上为 A,80~89 分为 B,70~79 分为 C,60~69 分为 D,小于 60 分为 E。

```
In[15]:
    score = int(input("请输入成绩:"))
    if score >= 90:
        grade = 'A'
    elif score >= 80:
        grade = 'B'
    elif score >= 70:
        grade = 'C'
    elif score >= 60:
        grade = 'D'
    else:
        grade = 'E'
    print('成绩等级为:',grade)
```

运行程序,假设从键盘输入 92,输出结果如下:

Out[15]: 成绩等级为 A

4. 选择结构嵌套

在选择结构中,某一个分支的语句块中包含另外一个选择结构,这种情况称为选择结构嵌套。选择结构嵌套可以非常灵活,前面介绍的 3 种结构都可以相互嵌套,而且可以多层嵌套,在使用过程中特别要注意不同层次语句块的一致性缩进要求。

【例 2-15】 用选择结构嵌套实现闰年判断。

```
In[16]:
    y = int(input("请输入年份:"))
    if y % 400 == 0:
        print(y,"年是闰年.")
    else:
        if y % 4 == 0 and y % 100 != 0:
            print(y,"年是闰年.")
        else:
            print(y,"年不是闰年.")
```

运行程序,假设从键盘输入 2010,输出结果如下:

Out[16]: 2010 不是闰年.

2.2.3 循环结构

很多问题的求解过程中都会有重复性的计算或处理。例如,需要对一组数据进行相同的运算,需要反复从一次计算结果递推下一次计算结果,需要把相同操作重复执行多次,等等,这些情况都属于重复性计算。在这些情况下,需要用循环结构描述这些重复性的计算过程。在使用循环结构时,需要考虑一些问题:为了完成重复性计算需要为循环引入那些变量,这些变量在循环开始之前应该取什么值,在循环过程中哪些变量需要以何种方式更新,循环结束的条件是什么,等等。

Python 语言中提供的循环控制语句有 for 和 while 两类。这两种循环语句的流程如图 2.2 所示。

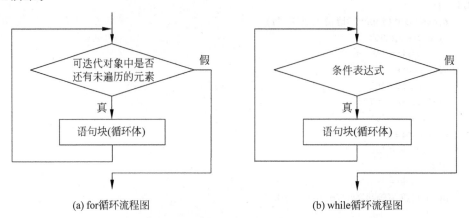

图 2.2 两种循环结构的流程图

图 2.2 中,两种循环结构看起来非常相似,差别主要体现在决定循环是否执行的判断方式上。接下来分别对这两种循环结构进行讲解。

1. for 循环

在介绍 for 循环之前,首先要理解"可迭代对象"的概念。Python 中的可迭代对象可以依次访问其中的元素,这种依次访问称为迭代,每次迭代都会返回可迭代对象中的下一个元素,直到迭代了其中所有元素为止。Python 中常见的可迭代对象是列表(list)、元组(tuple)、字符串(str)等序列类型对象;此外,字典(dict)、迭代器(iterator)、生成器(generator)等也都是可迭代对象。这里先介绍最常用的 Python 内置可迭代对象 range。

range 对象可生成指定范围的数字序列,其语法格式如下:

range([start,] stop [,step])

参数 start、stop 和 step 均要求为整数,range 生成从 start 到 stop(不包括 stop)范围内以 step 为步长的数字序列。其中,start 和 step 都可以省略,默认值分别为 0 和 1,step 不能为 0,但可以取负值。

for 语句用于遍历可迭代对象中的元素,每次遍历执行 for 语句之后的语句块,当遍历完成时,for 循环结束,for 循环的流程如图 2.2(a)所示,其语法形式如下:

for 变量 in 可迭代对象:
　　语句块

注意:for 关键字后面的变量通常称为循环控制变量,其值依次为每次遍历可迭代对象所取得的元素值,for 语句最后要加冒号,for 后面的语句块称为循环体,可以是一条语句,也可以是多条语句(复合语句),应保持一致的缩进。

【例 2-16】 for 语句和 range 对象示例。

In[17]:
　　for i in range(10):

```
        print(i,end = ' ')
Out[17]: 0 1 2 3 4 5 6 7 8 9
In[18]:
    for i in range(1,10):
        print(i,end = ' ')
Out[18]: 1 2 3 4 5 6 7 8 9
In[19]:
    for i in range(0,30,5):
        print(i,end = ' ')
Out[18]: 0 5 10 15 20 25
In[20]:
    for i in range(30,0, - 5):
        print(i,end = ' ')
Out[20]: 30 25 20 15 10 5
```

【例 2-17】 计算并输出整数 n 的阶乘 n!。n!＝1×2×3…×(n−1)×n,当 n 为 0 或 1 时,n! 为 1。

```
In[21]:
    n = int(input("请输入 n:"))
    if n > = 0:
        fact = 1
        for i in range(1,n + 1):
            fact = fact * i
        print(n,'的阶乘是:',fact)
    else:
        print('输入有误!')
```

运行程序,假设从键盘输入 8,输出结果如下:

Out[21]: 8 的阶乘是: 40320

2. while 循环

while 循环的执行由条件表达式的值决定,其流程如图 2.2(b)所示,其语法结构如下:

```
while 条件表达式:
    语句块
```

while 循环的执行过程是:首先计算 while 后面的条件表达式,条件表达式可以是逻辑表达式、关系表达式、算术表达式等,若条件表达式的值为 True(或其他非空、非零值),则执行语句块即循环体,循环体可以是一条或多条语句,执行完循环体后返回 while 语句,再重新计算条件表达式的值,若为 True,则继续循环;当条件表达式的值为 False(或零、空值)则退出 while 循环,继续执行循环体之后的语句。

使用 while 语句时需要注意:while 的条件表达式后要加冒号;循环体中包含多条语句时,要保持一致的缩进;通常情况下,循环体中要有能够改变循环条件的语句,使循环能够逐渐趋向结束,以免出现死循环。

【例 2-18】 计算并输出斐波那契数列的第 n 项,n 由用户从键盘输入。斐波那契数列的前两项是 1,从第三项开始每项均为其前两项之和,即 1,1,2,3,5,8,13,21,…。

```
In[22]:
    n = int(input("请输入 n:"))
    if n <= 0:
        print('输入有误!')
    elif n == 1 or n == 2:
        print(1, end = ' ')
    else:
        i = 3
        f1 = f2 = 1
        while i <= n:
            f3 = f1 + f2
            f1, f2 = f2, f3
            i = i + 1
        print("数列第", n, "项是:", f3)
```

运行程序,假设从键盘输入 10,输出结果如下:

Out[22]:数列第 10 项是: 55

变量 i 在程序中表示项数,初始值为 3,循环控制条件是 i<=n,即计算到第 n 项循环结束。循环体中每次递推计算出一个新项,就将 i 值增 1,当 i 值达到 n 时,循环最后一次执行,计算出第 n 项,同时 i 值变为 n+1,while 循环的条件不再成立,循环终止。

【例 2-19】 Hailstone 序列的生成是从一个自然数 n 开始,如 n 为奇数,则其下一项为 3n+1;如 n 为偶数,则其下一项为 n/2,直到 1 为止。编程接收用户输入的起始值,计算并输出相应的 HailStone 序列。

```
In[23]:
    n = int(input("请输入一个自然数:"))
    if n <= 0:
        print("数据输入不合法")
    else:
        while n != 1:
            print(n, end = " ")
            if n % 2 == 0:
                n = n//2
            else:
                n = 3 * n + 1
        print(n)
```

运行程序,假设从键盘输入 35,输出结果如下:

Out[23]: 35 106 53 160 80 40 20 10 5 16 8 4 2 1

3. 循环的中途退出

在 for 或 while 循环进行过程中,如果某些条件满足则需要终止循环,此时可以使用 break 语句实现。

【例 2-20】 求一个自然数除自身之外的最大因子。

分析:一个自然数除自身之外的最大因子不会超过这个数整除 2 的结果,因此可以用这个整除 2 的结果作为循环控制的初始值,从这个值开始,以步长为 1 的递减顺序依次判断是否可以被这个自然数整除,当出现第一次能够整除的情况,即为所求因子,此时无须继续循环,可以中途退出了。例如,用户输入 15,整除 2 的结果为 7,则依次判断 15 能否整除 7、6、5,判断到 5 的时候结束循环,找到所求因子,退出循环。程序如下:

```
In[24]:
    n = int(input("请输入一个自然数:"))
    if n <= 0:
        print('数据输入有误')
    elif n == 1:
        print('1 除自身外没有其他因子')
    else:
        k = n//2
        while k > 0:
            if n % k == 0:
                break
            k = k - 1
        print(n,'除自身外的最大因子是:',k)
```

运行程序,假设从键盘输入 45,输出结果如下:

`Out[24]: 45 除自身外的最大因子是: 15`

Python 中的循环终止语句除 break 外还有 continue 语句,二者的区别是:一旦执行 break 则退出整个循环,不管还剩多少次循环没有执行;而 continue 语句则是使程序结束本次循环,跳过循环体中 continue 语句之后还没有执行的语句,然后返回到循环开始点,根据循环条件判断是否继续执行下一次循环。

4. 带 else 子句的循环

Python 中的 for 循环和 while 循环后还可以带有 else 子句,其语法格式如下:
while 条件表达式:

　　语句块 1
else:
　　语句块 2

for 变量 in 可迭代对象:

　　语句块 1
else:
　　语句块 2

当 while 后的条件表达式为 True(包括非零值、非空串等)或 for 语句中可迭代对象或序列还有未被遍历的元素时,反复执行语句块 1,即循环体。当 while 后的条件表达式为 False(包括零、空串等)或 for 语句可迭代对象或序列中没有未遍历的元素时,循环终止,此时 else 子句后的语句块 2 执行一次。如果 while 循环或 for 循环是由于执行了循环体中的 break 语句而中途退出,则不执行 else 子句后的语句块 2。

【例 2-21】 编写判断用户输入的一个数是否为素数程序,素数是指除 1 和自身外没有其他因子的自然数。

分析：判断一个自然数 n 是否为素数最常用的方法是判断这个数是否可以被 $2\sim\sqrt{n}$ 中的任何一个整数整除即可，只要能找到一个满足条件的数，就可以确定 n 不是素数，如果 n 不能被此区间内任何一个整数整除，则判定 n 为素数。

```
In[25]:
    import math
    n = int(input("请输入一个自然数:"))
    if n < 2:
        print('数据输入有误')
    else:
        k = int(math.sqrt(n))
        for i in range(2,k + 1):
            if n % i == 0:
                print(n,'不是素数')
                break;
        else:
            print(n,'是素数')
```

运行程序，假设从键盘输入 13，输出结果如下：

Out[25]: 13 是素数

例 2-21 中，如果 for 循环中的变量 i 从 2 遍历到 k 的过程中没有出现 n%i==0 的情况，则循环正常结束，执行 else 后面的语句，输出是素数的结果；如果在某一次循环中 n%i==0 成立，则输出不是素数并执行 break 语句退出循环，此时 else 子句不会被执行。

5. 循环嵌套

在一个循环结构的循环体内包含另外一个完整的循环结构，称为循环嵌套，也称为多重循环。对于二重循环，两个循环可以分别称为外循环和内循环，内循环要完全包含在外循环的循环体中，外循环每执行一次，内循环都会完整地将所有循环次数执行完。for 循环和 while 循环可以相互嵌套。

【例 2-22】 求 100 以内的所有素数。

```
In[26]:
    import math
    for n in range(2,100):
        k = int(math.sqrt(n))
        for i in range(2,k + 1):
            if n % i == 0:
                break;
        else:
            print(n,end = ' ')
Out[26]:2 3 5 7 11 13 17 19 23 29 31 37 41 43 47 53 59 61 67 71 73 79 83 89 97
```

2.3　Python 组合数据类型

程序中通常会处理各种各样的数据，数据可能是简单类型，也可能是包含一组元素的复杂结构，这些元素之间可能还会存在某些特定的关系，程序设计语言需要提供相应的语言机制来处理各种复杂的数据。Python 提供丰富的组合数据类型支持复杂数据对象的构造和使用,常用的组合数据类型大体可分为 3 类:序列类型(列表、元组、文本字符串、range 对象等)、映射类型(字典)以及集合类型。

2.3.1 列表

在 Python 中,序列类型用于表示一组有顺序的元素,序列类型的对象通常都支持一组特定的操作,如索引、切片、成员访问等。之前学习过的 range 对象实际上就是一个序列,可以根据给定的初值、终值和步长生成指定范围的数字序列,常用于 for 循环。

列表(list)是 Python 中最常用的序列类型,包含一组有序数据元素。创建一个列表对象后,可以将其作为一个整体使用,如赋值、输出、作为函数参数等;也可以单独对列表中的元素进行访问、修改以及增加或删除元素等操作。

1. 创建列表对象

创建列表对象的方法是用一对中括号将一组元素括起来,这些元素之间用逗号分隔,如果要创建空列表,使用一个空的中括号即可。列表中的元素可以是任意类型的数据对象,也可以是表达式,列表中的元素允许重复。

【例 2-23】 列表的创建。

```
In[27]:
    lst0 = []
    lst1 = [1,2,3,4]
    lst2 = [15,True,'hello',3.14]
    lst3 = [[1,2,3],['You','need','Python']]
    print(lst0,lst1,lst2,lst3,sep = '\n')
Out[27]:
    []
    [1, 2, 3, 4]
    [15, True, 'hello', 3.14]
    [[1, 2, 3], ['You', 'need', 'Python']]
```

例 2-23 中,创建了 4 个列表对象。其中,lst0 是一个空列表;lst1 包含 4 个整数对象;lst2 包含 4 个不同数据类型的对象;lst3 中的元素又是两个列表对象,即二维列表。

2. 访问和修改列表元素

对列表元素的访问和修改是通过索引进行的,索引是列表中每个元素在表中的位置或序号。索引从 0 开始,即列表中第 1 个元素索引为 0,第 2 个元素索引为 1,以此类推,从前向后逐渐增加。同时,列表还提供了"负索引",负索引从 -1 开始,从后向前逐渐变小。因此,访问同一个列表元素可以通过两种索引实现。通过索引访问元素的语法非常简单:列表名[索引]。这种索引访问方式同样也适用于元组、字符串等序列类型。

如果列表中的元素个数为 N,则其正向索引的合法范围是 0~N-1,其负索引的合法范围为 -N~-1。列表元素的索引如图 2.3 所示,假设列表名为 X。

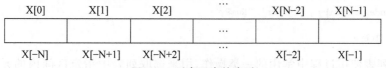

图 2.3 列表元素的索引

【例 2-24】 列表元素的访问和修改。

```
In[28]:
    pl = ['Python','NumPy','Pandas','SciPy']
    print(pl[0])
    print(pl[-2])
    pl[3] = 'Matplotlib'
    print(pl)
Out[28]:
    Python
    Pandas
    ['Python', 'NumPy', 'Pandas', 'Matplotlib']
```

此外,还可以对列表进行遍历,即依次访问列表中的每个元素,在访问的过程中可以对列表元素进行需要的计算或处理。列表是一种可迭代对象,可使用 for 语句对其进行遍历。

【例 2-25】 遍历列表元素。

```
In[29]:
    pl = ['Python','NumPy','Pandas','SciPy']
    for x in pl:
        print(x)
Out[29]:
    Python
    NumPy
    Pandas
    SciPy
```

注意:通过索引访问、修改或遍历列表元素时,要保证索引在合法的范围内,否则会触发索引错误的异常。

3. 列表运算

列表运算是将运算符应用于列表对象,包括加法、加法复合赋值、乘法及乘法复合赋值运算等。列表相加实际上是将两个列表的元素合并生成新的列表。列表乘法是用列表和一个整数 n 相乘,得到一个新列表对象,其元素是原列表元素重复 n 次。

【例 2-26】 列表运算。

```
In[30]:
    pl1 = ['Python','NumPy']
    pl2 = ['Pandas','SciPy']
    print(pl1 + pl2)
    print(pl1 * 3)
    pl2 += pl1
    print(pl2)
Out[30]:
    ['Python', 'NumPy', 'Pandas', 'SciPy']
    ['Python', 'NumPy', 'Python', 'NumPy', 'Python', 'NumPy']
    ['Pandas', 'SciPy', 'Python', 'NumPy']
```

4. 列表切片

切片是列表使用过程中常用的一类操作,用来选取列表中指定区间内的元素生成新列表。设 s 为一列表对象,切片操作的基本形式为 s[i:j:k],i、j 和 k 是 3 个整数,表示对列表 s 中索引在[i,j)区间内的元素以 k 为步长的切片。注意:j 是不包括在内的。

i、j 和 k 均可以省略,k 省略时默认步长为 1,但 k 值不能为 0。当 k 值省略或为正数时,i 省略时则默认从 0 开始;j 省略时则表示切片至列表中最后一个元素,此时切片结果可能包括最后一个元素;如果 i、j 和 k 同时省略则切片结果和原列表一样。

切片操作也可以使用负索引,即 i 和 j 可以是负值。此外,步长 k 也可以是负值,表示切片的方向从后向前。此时,i 如果省略则默认为-1;j 如果省略则表示切片至列表中的第 1 个元素,切片结果可能包括第 1 个元素。如果 i 和 j 均不省略,则 i 的值应该不小于 j 的值;否则切片结果是空列表。此外,反向切片得到的结果列表中元素的顺序也是反向的。

【例 2-27】 列表切片操作。

```
In[31]:
    lst = [0,1,2,3,4,5,6,7,8,9]
    print(lst[1:5])
    print(lst[:6:2])
    print(lst[-5:-1])
    print(lst[-1:-6:-2])
Out[31]:
    [1, 2, 3, 4]
    [0, 2, 4]
    [5, 6, 7, 8]
    [9, 7, 5]
```

5. 列表方法

Python 中提供了一组操作列表对象的方法,如表 2.13 所示。

表 2.13 操作列表对象的方法

方　　法	功　能　描　述
list.index(x)	在列表 list 中查找与 x 值相同的第 1 个元素的索引
list.count(x)	统计值 x 在列表 list 中出现的次数
list.append(x)	将一个元素 x 追加到列表 list 的表尾
list.extend(t)	将序列 t 附加到列表 list 的表尾
list.insert(i,x)	将元素 x 插入列表 list 中索引为 i 的位置
list.remove(x)	删除列表 list 中第 1 个和给定值 x 相同的元素
list.pop([i])	删除列表 list 中索引为 i 的元素并返回该元素的值,i 省略时默认删除表中最后一个元素
list.clear()	删除列表中的所有元素,列表对象成为空列表
list.reverse()	将列表 list 反转,即将表中所有元素的位置反向存放
list.sort(key=None, reverse=False)	sort 方法用于对列表元素排序,参数 reverse 指定排序方式,默认为 False,表示按升序排序

【例 2-28】 常用列表方法。

```
In[32]:
    pl = ['Python','NumPy']
```

```
        pl.append('Pandas')
        print(pl)
        pl.insert(3,'Dummy')
        print(pl)
        pl.remove('Dummy')
        pl.extend(['SciPy','Sklearn'])
        print(pl)
        pl.pop(4)
        print(pl)
        pl.reverse()
        print(pl)
        pl.sort()
        print(pl)
Out[32]:
        ['Python', 'NumPy', 'Pandas']
        ['Python', 'NumPy', 'Pandas', 'Dummy']
        ['Python', 'NumPy', 'Pandas', 'SciPy', 'Sklearn']
        ['Python', 'NumPy', 'Pandas', 'SciPy']
        ['SciPy', 'Pandas', 'NumPy', 'Python']
        ['NumPy', 'Pandas', 'Python', 'SciPy']
```

6. 列表推导式

列表推导式是一项非常有用的编程技术，可以对序列中的元素进行遍历、筛选或计算，并生成新的结果列表。使用推导式可以简单、高效地处理可迭代对象。列表推导式的语法形式如下：

[表达式 for 迭代变量 1 in 序列 1 … for 迭代变量 n in 序列 n]

推导式根据表达式对迭代过程中取得的每个值进行计算生成一个新列表，推导式从逻辑上等价于循环语句，循环的重数取决于推导式中"for 迭代变量 in 序列"部分的个数。

【例 2-29】 生成一个列表，其中包含 5 个 1~10 之间的随机整数；再构造一个新的列表，其中元素为第 1 个列表中元素的平方。

```
In[33]:
        import random
        lst = [random.randint(1,10) for i in range(5)]
        print(lst)
        lstr = [x ** 2 for x in lst]
        print(lstr)
Out[33]:
        [4, 10, 9, 7, 8]
        [16, 100, 81, 49, 64]
```

例 2-29 中，第 1 个列表推导式中，表达式是调用随机数函数 randint()，序列是 range 对象，生成包含 5 个随机整数的列表赋值给 lst；第 2 个推导式中，表达式是计算 x ** 2，序列是第 1 个列表 lst，生成包含 lst 中所有元素平方值的新列表赋值给 lstr。可以看出，推导式实际上实现了类似循环语句的功能，但形式上更为简洁。

推导式中还可以有条件语句，对所有迭代值进行筛选，语句格式如下：

[表达式 for 迭代变量 in 序列 if 条件]

表示把序列中所有满足 if 条件的元素进行表达式计算,并生成新的结果列表。

【例 2-30】 生成一个列表,其中包含 5 个 1~10 之间随机整数;再构造一个新的列表,其中元素为第 1 个列表中的偶数。

```
In[34]:
    import random
    lst = [random.randint(1,10) for i in range(5)]
    print(lst)
    lstr = [x for x in lst if x % 2 == 0]
    print(lstr)
Out[34]:
    [9, 1, 8, 5, 6]
    [8, 6]
```

推导式中也可以使用 if…else…语句,语法格式如下:

[表达式 1 if 条件 else 表达式 2 for 迭代变量 in 序列]

表示把序列中所有满足 if 条件的元素按表达式 1 进行计算,不满足 if 条件的元素按表达式 2 进行计算,并生成新的结果列表。注意:if…else…部分和 for 部分的顺序与只有 if 条件时的写法有所不同。例如,将例 2-30 中的要求改为原列表中元素按照偶数不变,奇数加 1 的规则构成新列表,则推导式如下:

lstr = [x if x % 2 == 0 else x + 1 for x in lst]

2.3.2 元组

元组(tuple)是一组元素的有序序列,由一对小括号括起若干元素,每个元素之间用逗号分隔。元组同样也是一种序列数据类型,其操作和列表有很多相似之处,但二者有一个非常重要的区别:列表是可变对象,而元组是不可变对象。因此,元组在创建之后不能修改、增加或删除元素。元组中的元素可以是任意类型的数据对象,也可以是表达式。

类似于列表,元组可以整体访问,也可以通过索引和切片访问元素,同样可以通过"for x in 元组"的形式遍历元组对象中的元素,但不能通过索引或切片的方式修改元组中的元素。此外,元组对象可以使用的方法只有 index() 和 count()。

上述各种元组操作与列表基本类似,不再赘述。

2.3.3 字符串

字符串(str)由若干字符按一定顺序组成,即字符构成的序列,同样也是一类可迭代对象。本书 2.1 节中已经简单介绍过字符串的一些基础知识,包括字符串的构造和表示、转义字符及字符串类型转换函数等。

1. 字符串访问

字符串通常作为一个整体使用,也可以访问其中的部分字符,方法类似于列表或元组,可以使用索引及切片操作进行,同样字符串也可以进行遍历。需要注意的是,str 也是一种不可变对象,不能通过索引或切片修改其中的字符。

【例 2-31】 字符串访问及遍历。

```
In[35]:
    s = 'Hello Python!'
    print(s[0:5])
    for c in s:
        print(c, end = ' ')
Out[35]:
    Hello
    H e l l o   P y t h o n !
```

2. 字符串方法

字符串类型提供丰富的内置方法,由于 str 是不可变对象,所以这些方法并不会改变原字符串对象的内容,均返回操作结果的新字符串对象。常用字符串方法如表 2.14 所示,假设字符串变量 s = 'Hello python'。

表 2.14 Python 部分常用字符串方法

方 法	功 能 描 述	示 例	结 果
s.center(width[, fillchar])	返回长度为 width 的字符串,原字符串居中并使用指定的 fillchar 填充两边的空位	s.center(20,'*')	'**** Hello python ****'
s.rjust(width[, fillchar])	返回长度为 width 的字符串,原字符串靠右对齐并使用指定的 fillchar 填充空位	s.rjust(20,'*')	'******** Hello python'
s.ljust(width[, fillchar])	返回长度为 width 的字符串,原字符串靠左对齐并使用指定的 fillchar 填充空位	s.ljust(20)	'Hello python '
s.lower()	将大写字符转换为小写字符	s.lower()	'hello python'
s.upper()	将小写字符转换为大写字符	s.upper()	'HELLO PYTHON'
s.capitalize()	将字符串首字符转换为大写形式,其他字符转换为小写形式	s.capitalize()	'Hello python'
s.title()	将每个单词的首字符转换为大写形式,其他部分的字符转换为小写形式	s.title()	'Hello Python'
s.swapcase()	将字符大小写互换	s.swapcase()	'hELLO PYTHON'
s.islower()	判断字符串是否为小写	'python'.islower()	True
s.isupper()	判断字符串是否为大写	'PYTHON'.isupper()	True
s.isdigit()	判断字符串是否为数字字符	'2020'.isdigit()	True
s.find(sub[,start[,end]])	在字符串中的[start,end]区间内查找并返回子串 sub 首次出现位置的索引,找不到返回 −1,默认范围是整个字符串	s.find('thon') s.find('cc')	8 −1
s.index(sub[,start[,end]])	功能与 find 类似,区别是找不到时会引发异常	s.index('cc')	ValueError: substring not found

续表

方法	功能描述	示例	结果
s.count(sub[,start[,end]])	返回字符串中的[start,end)区间内子串 sub 出现的次数,默认范围是整个字符串	s.count('o')	2
s.split(sep=None)	以指定字符 sep 为分隔符,从左向右将字符串分割,分隔后的结果以列表形式返回	s.split(' ')	['Hello', 'python']
s.join(iterable)	连接序列中的元素,两个元素之间可插入指定字符,返回一个字符串,通常通过要插入的指定字符调用此方法	lst=['Life','is','short']' ' '.join(lst)	'Life is short'
s.replace(old,new)	查找字符串中的子串 old,并用 new 替换	s.replace('o',' ** ')	'Hell ** Pyth ** n'
s.strip(chars=None)	移除字符串两侧的空白字符或指定字符,返回新字符串	' Python '.strip() 'PPPytho'.strip('P')	'Python' 'ytho'

3. 字符串格式化

通常很多程序都会产生输出,之前看到很多程序,都是直接使用 print()函数完成屏幕输出,输出的对象均以其自然形式进行。这种自然形式可能无法满足应用程序对数据输出形式更复杂灵活的要求。此时,可以通过字符串格式化来实现这一点,字符串格式化除常用于输出外,也可以用于按照特定需要构造一定格式的字符串。Python 中字符串格式化有多种方式,本节只简单介绍最常用的 str.format()方法。

str.format()方法用字符串作为一种模板,值作为参数提供并插入模板中,从而形成一个新字符串。其格式如下:

模板字符串.format(值)

模板字符串中含有一系列槽,用来控制字符串中插入值出现的位置,槽用大括号({})表示,大括号中的内容控制插入槽中的值、值的格式以及顺序。如果不做任何指定,则按值给出的顺序依次插入模板字符串的槽中。

【例 2-32】 使用字符串格式化方法 format()打印九九乘法表。

```
In[36]:
    for i in range(1, 10):
        for j in range(1, i+1):
            print('{}x{} = {}\t'.format(j, i, i*j), end = '')
        print()
Out[36]:
    1x1=1
    1x2=2    2x2=4
    1x3=3    2x3=6    3x3=9
    1x4=4    2x4=8    3x4=12   4x4=16
    1x5=5    2x5=10   3x5=15   4x5=20   5x5=25
    1x6=6    2x6=12   3x6=18   4x6=24   5x6=30   6x6=36
    1x7=7    2x7=14   3x7=21   4x7=28   5x7=35   6x7=42   7x7=49
    1x8=8    2x8=16   3x8=24   4x8=32   5x8=40   6x8=48   7x8=56   8x8=64
    1x9=9    2x9=18   3x9=27   4x9=36   5x9=45   6x9=54   7x9=63   8x9=72   9x9=81
```

2.3.4 字典

字典(dict)是 Python 内置的一种映射(mapping)类型,字典中的元素是无序的,每个元素由一对键(key)和值(value)构成,键和值之间存在映射关系,每个键对应一个值,可以通过键来访问与之相应的值。

Python 字典中的值可以存储各种类型的对象,但字典中的键必须是不可变对象,而且需要支持相等判断运算==,如数值类型、字符串等都可以作为字典的键。

1. 创建字典对象

创建字典对象可以用一对大括号将若干(键-值)对括起来,键和值之间用冒号分隔,每组(键-值)对之间用逗号隔开。例如:

pd = {'Java':17.18,'c':16.33,'Python':10.11,'cpp':6.79}

字典 pd 中,字符串'Java'、'c'、'Python'等是键,17.8、16.33、10.11 等浮点数为值,如果要创建一个空的字典对象,可以写成 pd={}。一个字典中的键通常是同一种数据类型,字典中的键是不重复的,如果同一个键被赋值两次,则后一个值会覆盖之前出现的值。

此外,还可以用类型名(类型转换函数)从一个元素为二元组的列表或元组创建字典,例如:

pd = dict([('Java',17.18),('c',16.33),('Python',10.11),('cpp',6.79)])

这种方法实际上是一种类型转换,将一个列表转换为一个字典,这个列表中包含 4 个元素,每个元素都是一个二元组,如('Python',10.11),需要注意括号的使用。

当字典中的键为普通的字符串时,还可以用关键字参数的形式创建字典,例如:

pd = dict(Java = 17.18,c = 16.33,Python = 10.11,cpp = 6.79)

注意:在这种方式下,虽然字典中的键都是字符串,但以关键字参数形式使用时不要加引号。

2. 字典访问及运算

字典中的元素通过键来访问,形式为字典名[键]。如 pd['Java'],结果显示对应的值 17.18。另外,字典中的值是可变对象,也可以通过这种方式修改,如 pd['Java']=23。

字典支持成员运算(in、not in)用于判断字典中是否存在给定的键。例如,'Java' in pd,结果为 True;'Ruby' not in pd,结果为 True。

字典对象还支持比较运算==和!=,用于判断两个字典对象是否相等。

3. 字典常用方法

字典对象的主要方法如表 2.15 所示。

表 2.15 常用字典方法

方法(d 为字典对象)	功 能 描 述
d.clear()	移除字典中的所有元素
d.get(key,default=None)	如果 key 存在于字典中,则返回 key 的值;否则返回 default。如果 default 未给出,则默认为 None

续表

方法（d 为字典对象）	功 能 描 述
d.pop(k[,default])	如果 key 存在于字典中，则将其移除并返回其值；否则返回 default。如果 default 未给出且 key 不存在于字典中，则会引发异常
popitem()	从字典中移除并返回一个键-值对。键-值对会按后进先出的顺序被返回
d.setdefault(key[,default])	如果字典存在键 key，则返回它的值；如果不存在，则插入值为 default 的键 key，并返回 default，default 默认为 None
d.update([other])	使用来自 other 的键-值对更新字典，覆盖原有的键
d.items()	返回由字典项键-值对组成的一个新视图
d.keys()	返回由字典键组成的一个新视图
d.values()	返回由字典值组成的一个新视图

【例 2-33】 字典常用方法。

```
In[37]:
    pd = {'Java': 23, 'c': 16.33, 'Python': 10.11, 'cpp': 6.79}
    pd.get('c')
    pd.get('Ruby',0)
    pd.pop('cpp')
    print(pd)
    pd.popitem()
    print(pd)
    pt = {'Java': 23, 'c': 17, 'Python': 10.11}
    pd.update(pt)
    print(pd)
Out[37]:
    {'Java': 23, 'c': 16.33, 'Python': 10.11}
    {'Java': 23, 'c': 16.33}
    {'Java': 23, 'c': 17, 'Python': 10.11}
```

2.4 函数

函数是程序设计语言中的一种重要机制，用于将一段实现特定功能的代码包装起来，进而实现程序的结构化和代码复用的目的。在程序设计过程中使用函数可以合理地对程序进行功能分解、实现过程封装和代码复用、便于验证检测、程序维护以及利于协作开发，提高开发效率。Python 中的函数包括内置函数、标准库函数、第三方库函数以及用户自定义函数，本节主要介绍用户自定义函数的使用。

2.4.1 函数的定义和调用

1. 函数定义

在 Python 中，可以将完成特定功能的一段代码定义为函数，函数定义的基本格式如下：

```
def 函数名([形参表]):
    函数体
```

说明：

（1）Python 中的函数使用关键字 def 定义，函数名为合法的标识符，建议尽量使用一些有实际意义的单词或单词组合；函数名后的小括号里是函数的形参表；最后的冒号不能省略。

（2）函数定义的参数，即形式参数，简称形参，类似于数学函数中的自变量，形参个数可以是一个或多个，当有多个形参时用逗号分隔，形参的名称同样要求是合法的标识符。Python 中函数的形参表可以为空，需要注意即使没有形参，按照语法规定，函数名后面的小括号也不能省略。

（3）函数体可以包含任意数量的语句，这些语句从逻辑上是一个整体，语法要求保持相同的缩进。

（4）如果函数需要返回计算或处理的结果，可以在函数体中使用 return 语句完成，Python 中的函数也可以没有返回值。

【例 2-34】 定义一个函数，计算给定 n 的阶乘 n!。

```
In[38]:
    def fact(n):
        fa = 1
        for i in range(2, n + 1):
            fa = fa * i
        return fa
```

例 2-34 中，函数名为 fact，形式参数为 n，函数体的功能是实现求 n 的阶乘，变量 fa 用来保存阶乘结果，初始值为 1，在 for 循环中 fa 反复乘 2～n，循环结束，fa 的值即为 n!，最后函数返回值为 fa。

2．函数调用

函数的定义确定了函数的功能以及如何使用函数的参数，但函数并没有被执行。函数的执行需要调用，而且可以在程序中任何需要的地方调用，即一次编写，多次使用。之前的章节中本书曾多次调用各类 Python 内置函数和标准库函数，自定义函数的调用方法也是一样的，通过函数名并根据需要传递必要的实际参数进行函数调用，如果函数有返回值，通常还会使用变量接收函数的返回值。例如，调用例 2-34 中定义的阶乘函数求 5 的阶乘，代码如下：

```
In[39]:
    fn = fact(5)
    print('5!= ', fn)
Out[39]: 5!= 120
```

上述代码调用 fact() 函数，函数名后小括号中的整数 5 是函数调用的实际参数，简称实参，实参的个数应该和前述函数定义中形参的个数相同，变量 fn 用来接收函数的返回值。函数调用和返回的过程如图 2.4 所示。

2.4.2 函数参数和返回值

前面介绍函数定义和调用中提到过形式参数和实际参数，函数定义中函数名后面小括号中的标识符称为形式参数。在函数定义中，形式参数只是一个名称，并没有具体确定的

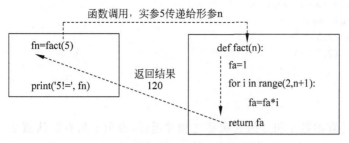

图 2.4 函数调用及返回的过程

值,这个名称是为了能够在函数体内以通用的方式描述如何使用参数或对参数实施何种计算过程;在函数调用时函数名后面小括号中提供的具体的值是实际参数,通过函数调用将函数中的计算或处理过程应用于这个具体的实际参数,每次调用实际参数值都可能不同。

1. 参数类型

Python 函数中的参数有多种灵活的定义和使用方式,包括位置参数(positional parameters)、默认参数(default parameters)和关键字参数(keyword parameters)等。

1) 位置参数

位置参数是指实际参数按照书写的顺序传递给对应位置上的形式参数,实参和形参的个数应该严格匹配,否则将会引发异常。

【例 2-35】 位置参数示例。

```
In[40]:
    def my_func(a,b,c):
        avg = (a + b + c)/3
        return avg
    f = my_func(5,10)
```

运行以上程序,会引发错误,提示缺少第 3 个形参 c 所对应的实参:

```
TypeError: my_func() missing 1 required positional argument: 'c'
```

2) 默认参数

默认参数是指在函数定义时带有默认值的形式参数。在函数调用时,如果不为带有默认值的形式参数提供相应的实参,这些参数就会使用定义时指定的默认值;如果给默认参数传递了实参,则函数定义中的默认值将被忽略,而使用调用时传递的实参。带有默认参数的函数定义格式如下:

```
def 函数名(非默认参数, 默认参数名 = 默认值, … ):
    函数体
```

在函数定义中,默认参数和非默认参数可以同时存在,但语法要求带有默认值的参数必须要放在非默认参数之后。

【例 2-36】 函数默认参数示例。

```
In[41]:
    def cal(a,b,n = 2):
```

```
        result = a ** n + b ** n
        return result
    print(cal(2,3))
    print(cal(2,3,3))
Out[41]:
    13
    35
```

函数 cal() 计算参数 a 和 b 的 n 次幂之和并返回,参数 n 带有默认值 2。第 1 次调用时,cal(2,3)中实参 2 和 3 分别传递给形参 a 和 b,没有给形参 n 传递实参,则 n 取默认值 2,函数计算 2**2+3**2,结果为 13;第 2 次调用时,cal(2,3,3)给出了 3 个实参 2、3 和 3,分别对应形参 a、b 和 n,此时 n 的默认值被忽略,取值为 3,函数计算 2**3+3**3,结果为 35。

3) 关键字参数

关键字参数是指按名称指定传入的参数,也称为命名参数。使用关键字参数具有明显的优点:指定名称使参数意义明确,而且按名称传递参数可以不考虑参数的位置问题。

【例 2-37】 定义函数求圆柱体体积。

```
In[42]:
    import math
    def vol_cy(radius,height):
        v = round(math.pi * radius * radius * height, 2)
        return v
    V = vol_cy(2,10)
    print(V)
Out[42]: 125.66
```

例 2-37 中,函数 vol_cy() 接收的两个参数是 radius 和 height,分别代表圆柱体底面半径和圆柱体的高,计算圆柱体的体积,保留两位小数,并返回结果。在这种写法中,参数 radius 和 height 都是位置参数,使用者在调用函数 vol_cy() 时,必须明确函数参数的顺序,如果实参传递的顺序和函数定义中的意义不符,虽然不会出现语法错误,但会导致错误的计算结果。如例 2-37 中函数调用 vol_cy(2,10) 表示求底面半径为 2、高为 10 的圆柱体体积,如果不小心把两个实参位置颠倒,写成 vol_cy(10,2),则变成求底面半径为 10、高为 2 的圆柱体体积了,运行结果为 628.32,与实际不符,但这种错误却容易被忽略。此时,可以考虑使用关键字参数避免这种问题。

关键字参数在函数定义中没有体现,也就是说上述 vol_cy() 函数的定义部分无须做任何修改。关键字参数在函数调用时,体现在实参上。用关键字参数调用 vol_cy() 函数的语句如下:

V = vol_cy(radius = 2, height = 10) 或 V = vol_cy(height = 10, radius = 2)

可以看出,使用关键字参数的情况下,参数的位置不再重要,解释器是依靠参数名称来完成形式参数和实际参数的匹配过程。这种写法可以在很大程度上避免由于参数位置问题而导致的计算结果错误。

2. 函数的返回值

在函数体内可以使用 return 语句实现返回值,同时终止函数的执行,一个函数中可以有多条 return 语句,其中任何一条被执行都会导致跳出函数返回调用方。

【例 2-38】 定义函数,判断一个整数 n 是否为素数。

```
In[43]:
    import math
    def isprime(n):
        if n < 2:return False
        k = int(math.sqrt(n))
        for i in range(2,k + 1):
            if n % i == 0:
                return False
        return True
```

例 2-38 中,当参数 n 小于 2 时,直接返回 False,函数剩余部分没有执行。如果 n 不小于 2,则使用 for 循环依次判断 n 是否能整除[2,int(sqrt(n))]区间的数,只要发现一次整除的情况,就可以得出 n 不是素数的结论,可以不必继续判断,函数返回 False;如果 for 循环正常结束,则说明 n 不能整除[2,int(sqrt(n))]区间的任何数,故 n 是素数,函数返回 True。

Python 中的函数可以使用一条 return 语句同时返回多个值,此时多个值是以元组的形式返回的;也可以使用相同个数的变量接收函数返回值。

【例 2-39】 定义函数求圆柱体的表面积和体积。

```
In[44]:
    import math
    def sur_vol_cy(radius,height):
        s = round(2 * math.pi * radius * radius + 2 * math.pi * radius * height,2)
        v = round(math.pi * radius * radius * height,2)
        return s,v
    S,V = sur_vol_cy(height = 10,radius = 2)
    print(S)
    print(V)
Out[44]:
    150.8
    125.66
```

函数 sur_vol_cy() 中的 return 语句返回两个计算结果 s 和 v,返回值实际上是元组(150.8,125.66),语句 S,V=sur_vol_cy(height=10,radius=2)将返回元组中的两个元素 150.8 和 125.66 分别赋值给对应的变量 S 和 V,这是 Python 语言中一个很实用的语言特性,称为"序列解包",即将一个序列对象中的各个元素依次赋值给对应个数的变量。

2.4.3 lambda 表达式

lambda 表达式可用于定义比较简单的匿名函数,可以说一个 lambda 表达式的值就是一个直接写出来的没有名字的函数对象。lambda 函数可以接收任意个数参数并返回一个表达式值,其定义格式如下:

lambda 参数表: 表达式

参数表中可以包含多个参数,用逗号隔开,表达式只有一个,表达式的值即为 lambda

函数的返回值。例如,lambda x,y : x ** y,其中参数为 x 和 y,表达式计算 x 的 y 次幂,结果作为返回值。可以看出,lambda 表达式的功能本质上就是一个没有命名的函数。

【例 2-40】 lambda 函数示例。

```
In[45]:
    f = lambda x,y : x ** y
    print(type(f))
    print(f(3,5))
Out[45]:
    <class 'function'>
    243
```

例 2-40 中,lambda 表达式的功能相当于下面的函数:

```
def f(x,y):
    return x ** y
```

lambda 表达式可以直接作用于实参,如(lambda x,y : x ** y)(3,5)。但是,使用这种写法需要注意要将 lambda 表达式用括号括起来,原因是 lambda 表达式的优先级仅高于赋值运算符。

2.4.4 递归函数

递归是算法及程序设计领域中一种非常重要的思维方法和编程技术,包括 Python 在内的很多程序设计语言都支持递归程序设计。递归的思想是把一个规模较大的复杂问题逐层转化为多个与原问题相似但规模较小的问题来求解。在程序设计中,递归策略只需少量的代码即可描述问题求解过程中需要的多次重复计算。程序设计语言对递归的支持是通过递归函数,所谓递归函数就是在函数体内含有对自身的调用。

能够使用递归方法解决的问题通常应满足以下条件:原问题可以逐层分解为多个子问题,这些子问题的求解方法与原问题完全一致,但规模逐渐变小;递归的次数必须是有限次;必须有结束递归的条件使递归终止。

以阶乘为例,例 2-34 定义了非递归求阶乘的函数。考察阶乘的数学定义可知:

$$n! = \begin{cases} 1 & n=0 \text{ 或 } 1 \\ n \times (n-1)! & n > 1 \end{cases}$$

也就是说,如果要计算 n 的阶乘,根据定义,$n! = n \times (n-1)!$,$(n-1)! = (n-1) \times (n-2)! \times \cdots 2! = 2 \times 1!$,$1! = 1$,最后一次计算 1 的阶乘为已知,则可以依次回推计算出 $2! = 2 \times 1 = 2$,$3! = 3 \times 2 = 6 \cdots$ 直至倒推计算出 n!。不难看出,这种计算过程和递归思想是吻合的,而且这个问题的求解也满足递归的 3 个条件,所以阶乘的计算可以通过递归函数完成求解。

【例 2-41】 求阶乘 n! 的递归函数。

```
In[46]:
    def fact(n):
        if n == 0 or n == 1:
            return 1
        else:
            return n * fact(n-1)
```

```
    print(fact(8))
Out[46]: 40320
```

例 2-41 中,n 的值等于 0 或 1 即为递归结束条件,直接返回确定的结果;当不满足递归结束条件时,函数发生递归调用,递归调用的参数是当前参数减 1,当某一层调用参数为 1 时,递归结束并开始逐层返回。

【例 2-42】 定义递归函数,求斐波那契数列的第 n 项。

分析:斐波那契数列的递归定义为

$$\text{fib}(n) = \begin{cases} 1, & n=1 \text{ 或 } 2 \\ \text{fib}(n-1) + \text{fib}(n-2), & n>2 \end{cases}$$

其中,n 为项数;fib(n)表示斐波那契数列的第 n 项。程序如下:

```
In[47]:
    def fib(n):
        if n == 1 or n == 2:
            return 1
        else:
            return fib(n - 1) + fib(n - 2)
    print(fib(24))
Out[47]: 46368
```

斐波那契数列问题经常用于讲解递归函数的设计,其递归定义直接对应数学定义,简单直观。但是,这种实现方式实际上存在明显的缺陷,即重复计算非常多,计算开销非常大,限于篇幅,这里不再深入分析。

2.4.5 函数式编程和高阶函数

Python 语言可以支持面向过程以及面向对象的程序设计,同时也提供了对函数式编程的支持。函数式编程是一种抽象程度较高的编程范式,有关编程范式的理论性内容超出了本书的范畴。函数式编程的一个特点是将函数本身作为其他函数的参数或返回值,而 Python 中的高阶函数支持这种编程模式。

通常将带有函数参数,或者以函数作为返回值的函数称为高阶函数。下面介绍 Python 中两个常用的高阶函数:map()和 filter()。

map()函数的基本语法格式如下:

```
map(function, iterable)
```

其中 function 用于接收作为参数的函数名,并将此函数应用于可迭代对象 iterable。map()函数的返回结果也是可迭代对象。

【例 2-43】 map()函数示例。

```
In[48]:
    import math
    import random
    def isprime(n):
        if n < 2: return False
        k = int(math.sqrt(n))
```

```
            for i in range(2,k + 1):
                if n % i == 0:
                    return False
        return True
    lst = [random.randint(1,100) for i in range(10)]
    print(lst)
    lr1 = list(map(isprime,lst))
    print(lr1)
    lr2 = [round(x,2) for x in (map(math.sqrt,lst))]
    print(lr2)
Out[48]:
    [79, 40, 54, 41, 8, 61, 86, 1, 74, 11]
    [True, False, False, True, False, True, False, False, False, True]
    [8.89, 6.32, 7.35, 6.4, 2.83, 7.81, 9.27, 1.0, 8.6, 3.32]
```

例 2-44 包含了一个自定义函数 isprime()，程序中创建一个列表对象 lst，其中元素为 10 个 1~100 之间的随机整数。然后，以自定义函数 isprime() 和 lst 作为参数第 1 次调用 map() 函数，判断 lst 中的元素是否为素数，并将所有返回结果组织为一个可迭代对象（此处为 map 对象），再通过类型转换生成 list 对象 lr1；第 2 次调用 map() 函数，传递的参数是内置函数 math.sqrt()，分别求 lst 中各个元素的平方根，并使用列表推导式实现保留两位小数及列表生成。

filter() 函数的基本语法格式如下：

filter(function,iterable)

其功能是将 function() 函数应用于可迭代对象 iterable 的各个元素，根据布尔返回值决定在结果可迭代对象中是否保留该元素，实际上是对一个可迭代对象的元素进行筛选的过程，只不过删选的依据是根据函数参数的结果。

【例 2-44】 filter() 函数示例。

```
In[49]:
    lst = [random.randint(1,100) for i in range(10)]
    print(lst)
    lr = list(filter(isprime,lst))
    print(lr)
Out[49]:
    [36, 33, 37, 39, 83, 72, 32, 1, 35, 18]
    [37, 83]
```

本节仅列举了最常用的两个高阶函数，掌握高阶函数并合理运用可以提升程序设计的灵活性。

2.5 本章小结

本章首先介绍了 Python 的语言基础，包括基本语法、数据类型、运算符和表达式等；接着介绍了 Python 中的流程控制语句，详细讲解了各种选择结构和循环结构的使用；介绍了 Python 中常用的数据结构，包括列表、元组、字符串和字典等；最后介绍了有关函数的知识，包括函数的定义和调用方法、lambda 表达式、函数递归以及高阶函数等。

第3章 NumPy基础

本章学习目标
- 掌握创建 ndarray 对象的各种方法。
- 掌握 ndarray 对象索引、切片、拆分、合并等基本操作。
- 理解数组运算的广播机制。
- 掌握 ndarray 的各种运算及常用函数。
- 掌握基本的统计运算。

NumPy 是 Python 科学计算和数值分析中最基本的扩展库,其前身是 Jim Hugunin 等于 1995 年开发的 Numeric 模块。2005 年,Travis Oliphant 在 Numeric 基础上综合了功能类似的 Numarray 模块的优点,并扩展了其他功能和特性,开发了 NumPy 的第 1 个版本。NumPy 使用 BSD 许可证协议,源代码开放。NumPy 功能强大,支持多维度的数组与矩阵运算,提供了大量的通用函数,支持线性代数运算、数值积分、傅里叶变换、统计计算及随机数生成等。同时,NumPy 还为 SciPy、Pandas 等常用 Python 第三方库提供底层支持。

本章主要介绍 NumPy 中多维数组对象 ndarray 的创建、操作、常用函数、数组运算、统计分析等基本功能。NumPy 是第三方库,所以并不包括在官方的 Python 发行版本中,可以使用 pip 命令下载安装,或是使用已经默认包含了 NumPy、Pandas 等常用三方库的 Anaconda 发行版本。在使用之前,需要用 import 语句显式地导入 NumPy,出于方便的目的,在导入 NumPy 时可以起一个简化的别名,习惯上使用 np,格式如下:

```
import numpy as np
```

3.1 多维数组对象 ndarray

NumPy 的核心是多维数组对象 ndarray。ndarray 是一个数据容器,要求其中的数据元素是同构的,即具有相同的数据类型。Python 内置的列表对象,虽然也可以当作数组来使用,但由于列表中元素的存储是引用语义,其内部保存的不是数据元素本身,而是指向这些元素的引用,因此其所引用的数据元素可以是任意类型,这种实现方式必然会导致开销增加、效率降低。Python 标准库中还提供了 array 数组模块,但 array 只支持一维数组,且没有提供各种运算函数,不适合复杂数值计算的要求。NumPy 中的 ndarray 多维数组对象能够弥补这些不足。

3.1.1 ndarray 对象的创建

1. 使用 array() 函数创建 ndarray 对象

NumPy 中创建 ndarray 对象最常见的途径是使用 array() 函数,其语法格式如下:

numpy.array(obj, dtype = None, ndmin = 0)

其中,obj 接收用于创建数组的 Python 序列对象,如 list、tuple 等;dtype 指定数组中元素的数据类型,默认为 None;ndmin 指定生成数组的最小维度。

【例 3-1】 使用 array() 函数创建数组。

```
In[1]: np.array([1,2,3,4])
Out[1]: array([1, 2, 3, 4])
In[2]: np.array([[1,2,3],[4,5,6]],dtype = np.float32)
Out[2]:
    array([[1., 2., 3.],
        [4., 5., 6.]], dtype = float32)
```

例 3-1 中分别以一维列表和二维列表为参数创建 ndarray 对象。其中,第 1 个对象为一维数组对象,第 2 个对象为 2×2 的二维数组对象,数组的维度可以通过嵌套的中括号的层数直观看到。参数 dtype 为默认值时,NumPy 会根据 obj 参数提供的数据自动推导出适当的类型。

ndarray 数组元素的数据类型包括整型、浮点型以及复数等,常见类型如表 3.1 所示。

表 3.1 NumPy 中常见的数据类型

数 据 类 型	说　　明
bool	布尔值 True 或 False
int8	字节(-2^7 到 2^7-1)
int16	有符号 16 位整数(-2^{15} 至 $2^{15}-1$)
int32	有符号 32 位整数(-2^{32} 至 $2^{32}-1$)
int64	有符号 64 位整数(-2^{64} 至 $2^{64}-1$)
uint8	无符号 8 位整数(0 到 2^8-1)
uint16	无符号 16 位整数(0 到 $2^{16}-1$)
uint32	无符号 32 位整数(0 到 $2^{32}-1$)
uint64	无符号 64 位整数(0 到 $2^{64}-1$)
float32	单精度浮点型,1 位符号,8 位阶码,23 位底数
float64 / float_	双精度浮点型,1 位符号,11 位阶码,52 位底数
complex64	复数,实部和虚部由两个 32 位浮点数表示
complex128 / complex_	复数,实部和虚部由两个 64 位浮点数表示

如果创建数组时的数据类型不一致,请注意这里所说的不一致是指精度上的差异。例如,既有整数,又有浮点数。此时,NumPy 会统一向精度较高的类型转换,并使 ndarray 对象中元素类型保持一致。

2. 使用 arange() 函数创建数组

arange() 函数用于创建指定数值区间内均匀间隔的数值序列构成的 ndarray 对象,其

语法格式如下:

```
np.arange(start, stop, step, dtype)
```

其中,start 为起始值,默认值为 0,可以缺省;stop 为终止值,生成的数组中不包括终止值;step 为步长,默认值为 1,可以缺省;dtype 指定数组中元素的数据类型,默认为 None。

arange() 函数和 Python 内置的 range() 对象非常类似,不同点在于 range() 产生的是一个可迭代的整数序列对象,而 arange() 得到的是 ndarray 数组对象,且 arange() 函数中的 start、stop 和 step 参数可以为浮点数。

【例 3-2】 使用 arange() 函数创建数组。

```
In[3]: np.arange(1,10)
Out[3]: array([1, 2, 3, 4, 5, 6, 7, 8, 9])
In[4]: np.arange(1.5,4.5,0.5)
Out[4]: array([1.5, 2. , 2.5, 3. , 3.5, 4. ])
```

注意:在 Jupyter Notebook 中,如果没有使用 print() 函数,而是直接输出 ndarray 数组,则会显示为 array[…] 的样式,但并不影响对结果的理解和数组元素值。

3. 创建含有等比及等差数列的数组对象

可以使用 linspace() 函数创建等差数列,语法如下:

```
linspace(start, stop, num, endpoint = True)
```

其中,参数 start、stop 和 num 分别表示等差数列的起始值、终止值和数列中元素的个数;参数 endpoint 表示是否包括终止值 stop,默认值为 True,即数列中包含 stop。

【例 3-3】 使用 linspace 函数创建等差数列数组。

```
In[5]: np.linspace(1,12,5)
Out[5]: array([ 1. , 3.75, 6.5 , 9.25, 12. ])
In[6]: np.linspace(1,12,5,endpoint = False)
Out[6]: array([1. , 3.2, 5.4, 7.6, 9.8])
```

logspace() 函数可以用于创建包含等比数列的 ndarray 对象,语法格式如下:

```
logspace(start, stop, num, endpoint = True, base = 10)
```

其中,参数 num 及 endpoint 的含义与 linspace() 函数相同,数列的起始值和终止值分别是 base 的 start 次幂和 base 的 stop 次幂;base 的默认值为 10。

【例 3-4】 使用 logspace() 函数创建等比数列数组。

```
In[7]: np.logspace(1,2,5)
Out[7]: array([ 10. , 17.7827941 , 31.6227766 , 56.23413252, 100. ])
In[8]: np.logspace(0,3,4,base = 2)
Out[8]: array([1., 2., 4., 8.])
```

4. 创建全 0 数组和全 1 数组

zeros() 函数可以创建指定大小,元素为 0 的数组对象,语法格式如下:

```
np.zeros(shape, dtype = float)
```

zeros_like()函数创建与指定数组具有相同大小和数据类型,且元素值为 0 的数组。

【例 3-5】 使用 zeros()函数和 zeros_like()函数。

```
In[9]: np.zeros((3,4))
Out[9]:
    array([[0., 0., 0., 0.],
           [0., 0., 0., 0.],
           [0., 0., 0., 0.]])
In[10]:
    a = np.array([[1,2,3],[4,5,6]])
    a
Out[10]:
    array([[1, 2, 3],
           [4, 5, 6]])
In[11]: np.zeros_like(a)
Out[11]:
    array([[0, 0, 0],
           [0, 0, 0]])
```

ones()函数和 ones_like()函数可以创建全 1 数组,用法与 zeros()函数 zeros_like()函数类似,读者可自行练习。

5. 创建对角矩阵

eye()函数可以创建一条对角线上元素值为 1,其他位置为 0 的矩阵,语法如下:

eye(N, M = None, K = 0)

其中,N 为数组对象的行数;M 为数组对象的列数,默认值为 N;K 为默认值 0 时主对角线元素为 1,K > 0 时全 1 对角线向右上方偏移,K < 0 时全 1 对角线向左下方偏移,偏移的尺寸根据 K 的具体值而定。

diag()函数可以创建指定主对角线元素值的对角矩阵。

【例 3-6】 使用 eye()函数和 diag()函数创建对角矩阵。

```
In[12]: np.eye(4)
Out[12]:
    array([[1., 0., 0., 0.],
           [0., 1., 0., 0.],
           [0., 0., 1., 0.],
           [0., 0., 0., 1.]])
In[13]: np.eye(4,k = 1)
Out[13]:
    array([[0., 1., 0., 0.],
           [0., 0., 1., 0.],
           [0., 0., 0., 1.],
           [0., 0., 0., 0.]])
In[14]: np.diag([1,2,3,4])
Out[14]:
    array([[1, 0, 0, 0],
           [0, 2, 0, 0],
```

```
       [0, 0, 3, 0],
       [0, 0, 0, 4]])
```

3.1.2 ndarray 对象的属性

ndarray 数组对象的常用属性如表 3.2 所示。

表 3.2 ndarray 的属性

属 性	说 明
T	返回数组的转置
dtype	数组元素的类型
shape	返回数组的形状,即数组每维的大小
ndim	返回数组的维度
size	返回数组中元素的个数
itemsize	返回数组中每个元素的尺寸

【例 3-7】 ndarray 数组属性示例。

```
In[16]:
    a = np.array([[1,2,3],[4,5,6]])
    a
Out[16]:
    array([[1, 2, 3],
        [4, 5, 6]])
In[17]: a.T
Out[17]:
    array([[1, 4],
        [2, 5],
        [3, 6]])
In[18]: a.size
Out[18]: 6
In[19]: a.shape
Out[19]: (2,3)
In[20]: a.ndim
Out[20]: 2
In[21]: a.itemsize
Out[21]: 4
```

通过例 3-7,可以很直观地理解 ndarray 数组对象的各个属性。下面再简单强调一下 shape 属性。假设有一个二维数组对象的 shape 为(3,4),可以把 3 理解为数组的行数,把 4 理解为数组的列数,如图 3.1 所示。

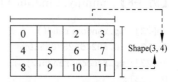

图 3.1 二维数组的形状

对于三维数组,需要注意表示其形状信息的方式,如图 3.2 所示,shape 为(2,3,4)的三维数组,可以将其视为 2 个 shape 为(3,4)的二维数组的组合。此时,三维数组的 shape 不能写成(3,4,2)。

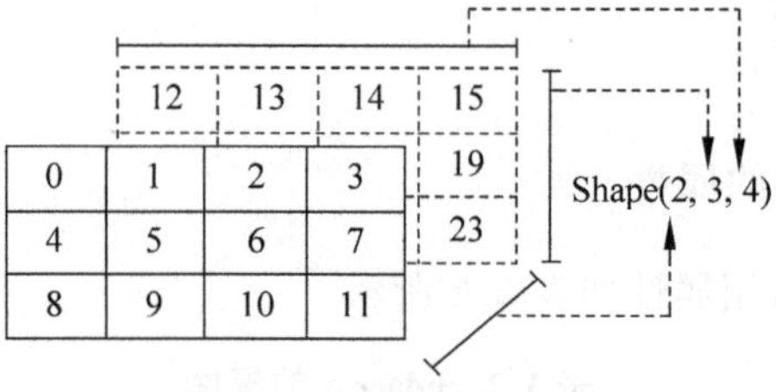

图 3.2 三维数组的形状

3.1.3 随机数数组

numpy.random 模块提供了多种用于生成随机数的函数,且功能较 Python 内置的 random 模块有所扩充,包括简单随机数、随机分布以及随机排列等。numpy.random 模块中的主要函数如表 3.3 所示。

表 3.3 numpy.random 模块中的常用函数

函 数	说 明
rand(d0,d1,…,dn)	生成[0,1)上均匀分布随机数数组,数组形状由参数 d0~dn 确定,若默认参数则生成单个数据
randn(d0,d1,…,dn)	生成标准正态分布随机数数组,数组形状由参数 d0~dn 确定,若默认参数则生成单个数据
randint(low,high=None,size=None)	生成指定区间[low,high)范围内的随机整数数组,形状由参数 size 确定
normal(loc=0,scale=1,size=None)	生成均值为 loc,标准差为 scale 的高斯分布随机数数组,形状由参数 size 确定
binomial(n,p,size=None)	生成二项分布的随机数数组,形状由参数 size 确定
poisson(lam=1,size=None)	生成泊松分布的随机数数组,形状由参数 size 确定
uniform(low=0,high=1,size=None)	生成[low,high)区间内均匀分布的随机数数组,形状由参数 size 确定
shuffle(x)	随机排列对象 x 中元素的顺序,x 可以是数组或列表,操作直接在对象 x 上进行,改变对象 x 的值,函数无返回值
permutation(x)	将对象 x 中的元素顺序随机排列并返回一个包含随机排列结果的新数组,不直接在对象 x 上操作,原对象 x 保持不变

【例 3-8】 numpy.random 随机数函数示例。

```
In[22]: np.random.rand()              #生成一个[0,1)区间均匀分布的随机数
Out[22]: 0.6024582870251984
In[23]: np.random.randn(2,3)          #生成标准正态分布的随机数数组,shape 为 2×3
Out[23]:
    array([[-1.2969686 , -0.95285734, 3.42566191],
           [-0.48757191, 0.73181136, -0.7868375 ]])
In[24]: np.random.randint(1,100,(3,5)) #生成[1,100)区间随机整数数组,shape 为 3×5
Out[24]:
    array([[95, 95, 93, 50, 54],
```

```
                 [34, 37, 65, 82, 48],
                 [94, 70, 54, 55, 43]])
In[25]:
    arr = np.arange(10)
    np.random.permutation(arr)           #随机排列数组 arr 的元素,返回新数组,arr 不变
Out[25]:array([4, 8, 0, 2, 9, 7, 1, 3, 5, 6])
In[26]:
    np.random.shuffle(arr)               #随机排列数组 arr 的元素,直接修改 arr,无返回值
    arr
Out[26]:array([6, 0, 7, 4, 2, 3, 1, 8, 9, 5])
```

3.2 数组的基本操作

3.2.1 数组的索引和切片

1. 单个元素的索引

索引是指数组元素所在位置的编号,可以通过索引选取数组中的某些元素或为索引处的元素赋值。最基本的索引形式是用中括号加数字,与 Python 中列表对象的索引类似。

【例 3-9】 数组的索引。

```
In[27]:
    a = np.arange(10)
    a[3]
Out[27]: 3
In[28]: a[-4]                            #负索引,表示从后向前进行索引
Out[28]: 6
In[29]:
    b = np.array([[1,2,3],[4,5,6],[7,8,9]])
    b[1,2]                               #二维数组的索引
Out[29]: 6
In[30]:
    b[1][2] = 100                        #通过索引修改数组元素的值
    b
Out[30]:
    array([[1, 2, 3],
           [ 4, 5, 100],
           [ 7, 8, 9]])
```

数组每个维度上的索引都是从 0 开始的。此外,二维数组索引可以有两种书写方式,b[1,2]和 b[1][2],均表示数组 b 中第 1 行、第 2 列的元素。

2. 索引数组

如果想要访问数组中的多个元素,可以将这些元素的索引汇集在一起构成索引数组或索引列表,这些索引的顺序无特殊要求,而且可以重复。

【例 3-10】 索引数组。

```
In[31]:
    a = np.arange(10)
```

```
    index = [1,3,5,3]
    a[index]
Out[31]: array([ 1, 3, 5, 3])
```

例 3-10 中，通过索引数组 index 访问 a 中索引为 1、3、5、3 的元素。其中，索引 3 出现了两次。通过索引数组也可以修改原数组中元素的值，这是修改的索引数组所指定的多个元素。

如果将例 3-10 中的索引数组应用于二维 ndarray 对象，则表示按行进行索引。

【例 3-11】 用索引数组返回二维数组中的指定行。

```
In[32]:
    a = np.random.randint(1,100,(4,4))
    a
Out[32]:
    array([[92, 62, 80, 10],
           [91, 11, 46, 66],
           [ 4, 46, 97, 53],
           [77, 28, 49, 47]])
In[33]:
    index = [0,1,3,0]
    a[index]
Out[33]:
    array([[92, 62, 80, 10],
           [91, 11, 46, 66],
           [77, 28, 49, 47],
           [92, 62, 80, 10]])
```

从例 3-11 可以看出，对二维数组 a 使用索引 index，返回的是数组 a 中第 0 行、第 1 行、第 3 行、第 0 行构成的二维数组。

对于二维数组，还可以将索引数组只作为行或列某一个维度上的索引，这样可以很灵活地选择数组中指定行和指定列位置上的元素。

【例 3-12】 用索引数组返回二维数组指定行、列位置的元素，假设本例和例 3-11 连续，即继续对数组 a 进行索引操作。

```
In[34]: a[1,index]          #选取数组中第 1 行和第 0 列、第 1 列、第 3 列、第 0 列对应位置元素
                             构成的数组
Out[34]: array([91, 11, 66, 91])
In[35]: a[index,1]          #选取数组中第 0 行、第 1 行、第 3 行、第 0 行和第 1 列对应位置元素
                             构成的数组
Out[35]: array([62, 11, 28, 62])
```

如果在二维数组两个维度上的索引均以索引数组的形式给出，此时要求这两个索引数组的大小一致，这种方式是从两个索引数组的对应位置上选取两个数组构成索引。

【例 3-13】 使用两个索引数组。

```
In[36]:
    b = np.random.randint(1,20,(4,4))
    b
```

```
Out[36]:
    array([[15,  9, 17, 14],
           [17,  4,  5, 14],
           [16,  3, 14, 19],
           [11, 16, 18, 15]])
In[37]: b[[1,2],[0,3]]
Out[37]: array([17, 19])
```

例 3-13 中，b[(1,2),(0,3)]不是表示索引数组元素 b[1,2]和 b[0,3]，而是将[1,2]和[0,3]对应位置上的数构成一对索引，即 1 和 0 对应，2 和 3 对应，继而检索数组元素 b[1,0]和 b[2,3]，结果为这两个元素构成的数组。

3. 布尔索引

利用布尔索引，可以选择数组中满足指定条件的部分元素。

【例 3-14】 布尔索引。

```
In[38]:
    a = np.random.randint(1,10,(2,4))
    a
Out[38]:
    array([[7, 9, 1, 3],
           [8, 7, 1, 6]])
In[39]:
    index = a > 3
    a[index]
Out[39]:array([7, 9, 8, 7, 6])
```

例 3-14 中，索引是一个关系表达式 a>3，从最终结果上看是将数组 a 中所有满足大于 3 的元素选取出来。但是，a 是一个 2×4 的二维数组，而 3 则是一个标量，数组和标量之间为什么能够直接进行比较，这涉及本书将在后面介绍的数组运算及广播机制。在此，先简单做一些说明。ndarray 数组的一个强大之处就是可以不用循环完成数组元素的批量运算，例 3-14 中的比较运算 a>3，实际上分别判断数组 a 中的每个元素是否大于 3，结果是一个布尔型的数组，这个布尔型数组与原数组 a 的大小是一致的，根据此布尔数组中哪些元素值为 True，选取原数组中对应位置上的元素。

4. 数组切片

数组切片操作是选取数组中的一部分元素构成新数组，从形式上与 Python 中列表切片一样，将用冒号隔开的数字置于中括号之中：数组名[start：stop：step]，表示在索引范围为[start，stop)的区间内，以 step 为步长选取元素，stop 不包括在内。start 默认值为 0，stop 默认值为数组维度的大小，此时切片结果包括 stop，step 默认值为 1。对 ndarray 数组切片操作得到的是原数组的视图，并不产生副本，对切片所得数组元素的修改会反映到原数组上。

【例 3-15】 一维数组切片操作。

```
In[40]:
    a = np.arange(15)
    a
```

```
Out[40]: array([ 0,  1,  2,  3,  4,  5,  6,  7,  8,  9, 10, 11, 12, 13, 14])
In[41]: a[1:8:2]              #从索引1到7区间内,以步长为2选取元素
Out[41]: array([1, 3, 5, 7])
In[42]: a[:5]                 #选取索引从0到4的元素
Out[42]: array([0, 1, 2, 3, 4])
In[43]: a[10:]                #选取索引从10开始到数组结尾的所有元素
Out[43]: array([10, 11, 12, 13, 14])
In[44]: a[5::3]               #索引从5开始到数组结尾,以3为步长选取元素
Out[44]: array([ 5,  8, 11, 14])
In[45]: a[::]                 #选取数组中所有元素
Out[45]: array([ 0,  1,  2,  3,  4,  5,  6,  7,  8,  9, 10, 11, 12, 13, 14])
```

对于二维数组,上述切片操作的语法同样适用,不过需要在切片时分别指定行和列选取的范围。此外,如果要选取的行或列索引不连续,则可以通过索引数组指定。

【例 3-16】 二维数组切片。

```
In[46]:
    a = np.array([[1,2,3,4],[5,6,7,8],[9,10,11,12],[13,14,15,16]])
    a
Out[46]:
    array([[ 1,  2,  3,  4],
           [ 5,  6,  7,  8],
           [ 9, 10, 11, 12],
           [13, 14, 15, 16]])
In[47]: a[0:2,1:3]            #选取第0行至第1行,第1列至第2列的元素
Out[47]:
    array([[2, 3],
           [6, 7]])
In[48]:a[1:3]                 #选取第1行至第2行
Out[48]:
    array([[ 5,  6,  7,  8],
           [ 9, 10, 11, 12]])
In[49]: a[:,1:3]              #选取第1列至第2列
Out[49]:
    array([[ 2,  3],
           [ 6,  7],
           [10, 11],
           [14, 15]])
In[50]: a[[0,2],0:2]          #选取第0行和第2行,第0列至第1列的元素
Out[50]:
    array([[ 1,  2],
           [ 9, 10]])
```

3.2.2 数组形状变换

ndarray 数组对象提供了一些改变数组形状的方法,主要包括数组重塑及数组展平。

1. 数组重塑

数组重塑可以简单理解为改变数组的 shape,reshape()方法和 resize()方法可用于实现

这一目的。语法格式如下：

```
ndarray.reshape(new_shape)
ndarray.resize(new_shape)
```

上述两个方法在使用形式上基本相同，参数 new_shape 表示数组重塑后的 shape，需要注意这两个方法的区别：reshape()方法返回的是原数组改变形状后的视图，原数组的形状保持不变，但修改视图中的元素，原数组中的元素也会随之改变；resize()方法属于原地工作方法，不返回值，而是直接改变原数组的形状。

【例 3-17】 数组重塑。

```
In[51]:
    a = np.arange(1,13)
    a
Out[51]: array([ 1, 2, 3, 4, 5, 6, 7, 8, 9, 10, 11, 12])
In[52]: a.reshape(3,4)           #重塑数组的形状为(3,4)
Out[52]:
    array([[ 1, 2, 3, 4],
           [ 5, 6, 7, 8],
           [ 9, 10, 11, 12]])
In[53]: a                        #数组 a 形状保持不变
Out[53]: array([ 1, 2, 3, 4, 5, 6, 7, 8, 9, 10, 11, 12])
In[54]:
    a.resize(2,6)                #重塑数组的形状为(2,6)，无返回输出
    a                            #数组 a 的形状变为(2,6)
Out[54]:
    array([[ 1, 2, 3, 4, 5, 6],
           [ 7, 8, 9, 10, 11, 12]])
```

2. 数组展平

数组展平是将数组扁平化为一维数组，ravel()方法和 flatten()方法用于数组展平，区别在于 ravel()方法返回将原数组展平后的一维数组视图，修改视图中的元素，原数组元素会随之改变；flatten()方法返回数组展平后的一维数组的副本，是新的对象。这两个函数都不会改变原数组的形状。

【例 3-18】 数组展平。

```
In[55]:
    a = np.arange(12).reshape(3,4)
    a
Out[55]:
    array([[ 0, 1, 2, 3],
           [ 4, 5, 6, 7],
           [ 8, 9, 10, 11]])
In[56]: a.ravel()                #返回数组展平后的视图
Out[56]: array([ 0, 1, 2, 3, 4, 5, 6, 7, 8, 9, 10, 11])
In[57]: a #执行 ravel()方法后，原数组 shape 保持不变
Out[57]:
    array([[ 0, 1, 2, 3],
```

```
            [ 4,  5,  6,  7],
            [ 8,  9, 10, 11]])
In[58]: a.flatten()                    #返回数组展平后的副本
Out[58]: array([ 0, 1, 2, 3, 4, 5, 6, 7, 8, 9, 10, 11])
In[59]: a#执行flatten()方法后,原数组 shape 保持不变
Out[59]:
    array([[ 0, 1, 2],
           [ 3, 4, 5],
           [ 6, 7, 8],
           [ 9, 10, 11]])
```

此外,还可以使用显式修改数组形状的方法来实现数组"降维或展平"的效果。例如:

```
In[60]:
    a = np.arange(12).reshape(3,4)
    a.shape = (1,-1)
    a
Out[60]: array[[0,1,2,3,4,5,6,7,8,9,10,11]]
```

语句 a.shape=(1,-1)将重新定义二维数组 a 的形状,新的形状为(1,-1)。其中,第 1 个参数 1 表示新形状的行数是 1,第 2 个参数-1,表示数组的列数由系统根据元素个数和行数自动推导得出,这里很明显为 12。但需要注意:输出数组带有两层中括号,说明此时数组 a 实际上仍然是一个二维数组,并非真正降维。

3.2.3 数组转置和轴对换

在 ndarray 数组的很多运算和操作中都会涉及"轴"(axis)的概念,有必要先对轴做简要说明。数组中,轴的个数和数组的维度是相同的,即一维数组有 1 个轴,二维数组有 2 个轴,三维数组有 3 个轴,以此类推。一维数组无须进一步讨论。对于二维数组,可以将 2 个轴分别对应到数组的行和列,如图 3.3 所示。

当 axis=0 时,表示沿着数组的每列进行规定的操作或运算;当 axis=1 时,表示按照数组的每行进行规定的操作或运算。

对于三维数组的 3 个轴,0 轴和 1 轴不再对应行和列的概念,如图 3.4 所示。

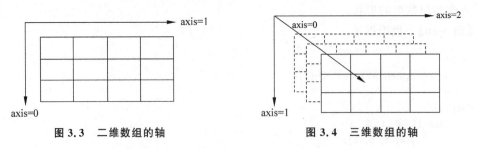

图 3.3　二维数组的轴　　　　图 3.4　三维数组的轴

从上述图示说明可以看出,多维数组的轴实际上和数组各个维上的索引顺序是一致的,参见图 3.2。

ndarray 数组的转置和轴对换也可视为是一种数组重塑,可以通过 transpose()方法和 swapaxes()方法完成此类操作。

transpose()方法的语法格式如下：

ndarray.transpose(*axes)

其功能是返回按指定顺序进行轴对换后的数组，参数 axes 表示数组各个轴交换后的顺序，如果省略此参数，则返回结果为将原数组所有轴整体转置后的数组。

【例 3-19】 用 transpose()函数进行数组轴对换。

```
In[61]:
    a = np.arange(15).reshape(3,5)
    a
Out[61]:
    array([[ 0,  1,  2,  3,  4],
           [ 5,  6,  7,  8,  9],
           [10, 11, 12, 13, 14]])
In[62]: a.transpose()            #参数为默认值,将 3×5 的二维数组转置为 5×3
Out[62]:
    array([[ 0,  5, 10],
           [ 1,  6, 11],
           [ 2,  7, 12],
           [ 3,  8, 13],
           [ 4,  9, 14]])
In[63]:
    b = np.arange(36).reshape(2,3,6)
    b
Out[63]:
    array([[[ 0,  1,  2,  3,  4,  5],
            [ 6,  7,  8,  9, 10, 11],
            [12, 13, 14, 15, 16, 17]],
           [[18, 19, 20, 21, 22, 23],
            [24, 25, 26, 27, 28, 29],
            [30, 31, 32, 33, 34, 35]]])
In[64]: b.transpose(2,0,1)       #将 2×3×6 的三维数组轴对换为 6×2×3 的三维数组
Out[64]:
    array([[[ 0,  6, 12],
            [18, 24, 30]],
           [[ 1,  7, 13],
            [19, 25, 31]],
           [[ 2,  8, 14],
            [20, 26, 32]],
           [[ 3,  9, 15],
            [21, 27, 33]],
           [[ 4, 10, 16],
            [22, 28, 34]],
           [[ 5, 11, 17],
            [23, 29, 35]]])
```

例 3-19 中，b.transpose((2,0,1))运行的结果直观上有些不好分析，可以这样理解：本来三维数组 3 个轴的顺序是(0,1,2)，用 transpose()函数交换这些轴的位置，参数(2,0,1)表示将 0 轴交换到 1 轴的位置，将 1 轴交换到 2 轴的位置，将 2 轴交换到 0 轴的位置，明确

了轴对换的规则后再分析运行结果就容易理解了。

swapaxes()方法的语法格式如下：

ndarray.swapaxes(axis1,axis2)

其功能是返回将数组的 axis1 和 axis2 两个轴对换后的数组。也就是说,不管是针对二维数组,还是更高维数组,swapaxes()方法只能交换数组的两个轴,这两个轴在参数表中的顺序可以任意。

【例 3-20】 用 swapaxes()方法进行数组轴对换。

```
In[65]:
    a = np.arange(12).reshape(3,4)
    a
Out[65]:
    array([[ 0, 1, 2, 3],
           [ 4, 5, 6, 7],
           [ 8, 9, 10, 11]])
In[66]: a.swapaxes(0,1)        ♯交换二维数组的 0 轴和 1 轴,也可以写成 a.swapaxes(1,0)
Out[66]:
    array([[ 0, 5, 10],
           [ 1, 6, 11],
           [ 2, 7, 12],
           [ 3, 8, 13],
           [ 4, 9, 14]])
In[67]:
    b = np.arange(36).reshape(2,3,6)
    b
Out[67]:
    array([[[ 0, 1, 2, 3, 4, 5],
            [ 6, 7, 8, 9, 10, 11],
            [12, 13, 14, 15, 16, 17]],
           [[18, 19, 20, 21, 22, 23],
            [24, 25, 26, 27, 28, 29],
            [30, 31, 32, 33, 34, 35]]])
In[68]: b.swapaxes(1,2)        ♯交换三维数组的 1 轴和 2 轴
Out[68]:
    array([[[ 0, 6, 12],
            [ 1, 7, 13],
            [ 2, 8, 14],
            [ 3, 9, 15],
            [ 4, 10, 16],
            [ 5, 11, 17]],
           [[18, 24, 30],
            [19, 25, 31],
            [20, 26, 32],
            [21, 27, 33],
            [22, 28, 34],
            [23, 29, 35]]])
```

3.2.4 数组的合并与拆分

有时需要将不同的数组通过合并操作,拼接为一个新的较大的数组;同样地,也可以将一个较大的数组通过拆分操作得到多个较小的数组。数组的合并和拆分均可以在水平方向或是垂直方向上进行,或者说是在不同的轴上进行。

1. 数组合并

NumPy 中的数组合并函数主要包括 concatenate()、vstack()和 hstack()。
concatenate()函数的语法格式如下:

```
np.concatenate((array1,array2,…),axis = 0)
```

其功能是根据参数 axis 指定的轴,对数组(array1,array2…)进行合并,axis 的默认值为 0。

【例 3-21】 利用 concatenate()函数合并数组。

```
In[69]:
    a = np.array([[1,2,3],[4,5,6]])
    b = np.array([[7,8,9],[10,11,12]])
    np.concatenate((a,b),axis = 0)
Out[69]:
    array([[ 1,  2,  3],
           [ 4,  5,  6],
           [ 7,  8,  9],
           [10, 11, 12]])
In[70]: np.concatenate((a,b),axis = 1)
Out[70]:
    array([[ 1,  2,  3,  7,  8,  9],
           [ 4,  5,  6, 10, 11, 12]])
```

从例 3-21 的结果中可以看出,axis=0 时,进行纵向的数组合并;axis=1 时,进行横向的数组合并。

vstack()函数和 hstack()函数的功能分别是纵向合并数组和横向合并数组,实际上相当于 axis 参数分别取值为 0 和 1 时的 concatenate()函数,如图 3.5 所示。

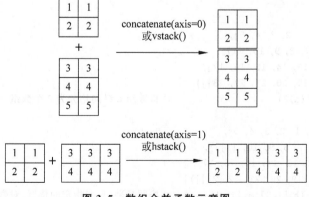

图 3.5 数组合并函数示意图

vstack()函数和hstack()函数的语法格式如下：

```
np.vstack((array1,array2,…))
np.hstack((array1,array2,…))
```

【例3-22】 hstack()函数和vstack()函数。

```
In[71]:
    a = np.array([[1,2,3],[4,5,6]])
    b = np.array([[7,8,9],[10,11,12]])
    np.vstack((a,b))
Out[71]:
    array([[ 1, 2, 3],
           [ 4, 5, 6],
           [ 7, 8, 9],
           [10, 11, 12]])
In[72]: np.hstack((a,b))
Out[72]:
    array([[ 1, 2, 3, 7, 8, 9],
           [ 4, 5, 6, 10, 11, 12]])
```

2. 数组拆分

NumPy中实现数组拆分的函数包括split()、hsplit()和vsplit()。

split()函数的语法格式如下：

```
np.split(array, indices_or_sections, axis = 0)
```

其功能是按照参数indices_or_sections指定的拆分方式和参数axis所指定的轴，对数组array进行拆分。参数indices_or_sections如果是一个整数，则表示将数组array平均拆分成几个小的数组；indices_or_sections如果是一个整数序列，则表示对数组array进行拆分的位置；参数axis的默认值为0，表示默认按纵向拆分，axis=1时，表示按横向拆分。

【例3-23】 用split()函数拆分数组。

```
In[73]:
    a = np.arange(24).reshape(4,6)
    a
Out[73]:
    array([[ 0, 1, 2, 3, 4, 5],
           [ 6, 7, 8, 9, 10, 11],
           [12, 13, 14, 15, 16, 17],
           [18, 19, 20, 21, 22, 23]])
In[74]: np.split(a,2)                    #将数组a纵向均分为2个数组
Out[74]:
    [array([[ 0, 1, 2, 3, 4, 5],
            [ 6, 7, 8, 9, 10, 11]]),
     array([[12, 13, 14, 15, 16, 17],
            [18, 19, 20, 21, 22, 23]])]
In[75]: np.split(a,[1,3],axis = 1)       #按照参数[1,3]指定的位置,对数组a横向拆分
Out[75]:
    [array([[ 0],
```

```
            [ 6],
            [12],
            [18]]),
     array([[ 1, 2],
            [ 7, 8],
            [13, 14],
            [19, 20]]),
     array([[ 3, 4, 5],
            [ 9, 10, 11],
            [15, 16, 17],
            [21, 22, 23]])]
```

语句 np.split(a,[1,3],axis=1)中的第 2 个参数[1,3]是一个列表,列表中的两个数字表示两个拆分位置,即第 1 列和第 3 列,两个拆分位置会将数组 a 拆分成 3 部分,如图 3.6 所示。

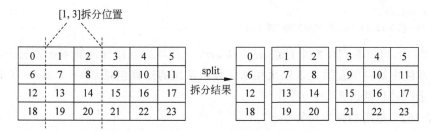

图 3.6　split()函数拆分

hsplit()函数的语法格式为 np.hsplit(array,indices_or_sections),其功能等价于 axis=1 的 split()函数。vsplit()函数的语法格式为 np.vsplit(array,indices_or_sections),其功能等价于 axis=0 的 split()函数。其中,参数的含义与 split()函数相同,读者可自行验证,此处不再赘述。

3.3　数组的运算

3.3.1　数组运算和广播机制

1. 算术运算

首先考虑一个问题,假设有两个长度相同的列表,且两个列表中都是 int 型的数据,如果希望将两个列表中对应位置上的元素相加,则要用循环来完成这个要求。

【例 3-24】　两个列表对应元素相加。

```
In[76]:
    list1 = list(range(10))
    list2 = list(range(10,20))
    list3 = []
    for i in range(10):
        list3.append(list1[i] + list2[i])
    print(list3)
Out[76]: [10, 12, 14, 16, 18, 20, 22, 24, 26, 28]
```

例 3-24 的做法虽然可以实现要求,但略显烦琐。还可以使用列表推导式来完成这个问题,代码如下:

```
list3 = [x + y for x,y in zip(list1,list2)]
```

虽然代码简洁了很多,但可读性稍差,且列表推导式从本质上还是相当于一个循环。在这种情况下,利用 NumPy 数组的算术运算,可以简洁高效地解决这类问题。NumPy 中数组的运算是向量运算,可以让数组中的每个元素进行指定运算,数组可以和一个标量进行指定运算,也可以让两个数组的对应元素进行指定运算,运算结果仍然为数组。

【例 3-25】 两个数组对应元素相加。

```
In[77]:
    arr1 = np.array(list1)
    arr2 = np.array(list2)
    arr3 = arr1 + arr2
    print(arr3)
Out[77]: [10 12 14 16 18 20 22 24 26 28]
```

例 3-25 中,可以看到在两个数组 arr1 和 arr2 之间可以直接使用算术运算符+,计算规则是两个数组中对应位置的元素依次相加。数组常用的运算包括加(+)、减(-)、乘(*)、除(/)、取余(%)和幂运算(**)等。

【例 3-26】 数组的算术运算。

```
In[78]:
    arr1 = np.array([2,5,0,4,10,7])
    arr2 = np.array([3,1,8,4,9,11])
    arr1 % arr2
Out[78]: array([2, 0, 0, 0, 1, 7], dtype = int32)
In[79]: arr ** 2                    #数组和标量进行运算
Out[79]: array([ 4, 25, 0, 16, 100, 49], dtype = int32)
```

例 3-26 中,参与运算的两个数组都是一维的,对于二维或多维数组,这些运算的规则也相同。除上述运算之外,NumPy 还提供了一组用于数组运算的数学函数,如表 3.4 所示。

表 3.4　NumPy 常用数学函数

函　　数	功能说明(表中 a,b 均为 ndarray 数组)
abs(a)	计算数组各元素的绝对值
sqrt(a)	计算数组各元素的平方根
square(a)	计算数组各元素的平方
log(a)、$log_2(a)$、$log_{10}(a)$	计算数组各元素的自然对数、以 2 为底的对数、以 10 为底的对数
sign(a)	求数组各元素的符号。其中,1 表示正数;0 表示零;-1 表示负数
ceil(a)	数组各元素向上取整
floor(a)	数组各元素向下取整
cos(a)、sin(a)、tan(a)	对数组各元素进行三角函数求值
arcos(a)、arcsin(a)、arctan(a)	对数组各元素进行反三角函数求值
add(a,b)	将两个数组对应位置的元素相加

续表

函　　数	功能说明（表中 a，b 均为 ndarray 数组）
substract(a,b)	将两个数组对应位置的元素相减
multiply(a,b)	将两个数组对应位置的元素相乘
divide(a,b)	将两个数组对应位置的元素相除
power(a,b)	对数组 a 的元素 x，数组 b 中对应位置的元素 y，计算 x 的 y 次方
dot(a,b)	计算两个数组的点乘

表 3.4 中函数的意义都很明晰，从函数名及功能都和 Python 标准库 math 模块中的函数非常相似。实际上，这些函数也都可以应用于普通的数值型标量。例如，np.add(3,4)表示求 3+4，其他不再赘述。

下面对 dot()函数加以简要说明：这个函数如果应用于两个数值标量，其功能就是求两个数的乘积；如果两个参数一个是数组，另一个是标量，则将数组元素依次与标量相乘，结果仍为一个数组；如果应用于两个一维数组，计算规则是两个数组对应位置的元素相乘的结果再相加，结果为一个标量；将 dot()函数应用于二维数组时，其功能类似于线性代数中的矩阵乘法。

【例 3-27】 dot()函数示例。

```
In[80]:
    a = np.array([1,2,3,4])
    b = np.array([2,3,4,5])
    np.dot(a,b)                    #两个一维数组点乘
Out[80]: 40
In[81]:
    c = np.arange(12).reshape(3,4)
    d = np.arange(12).reshape(4,3)
    np.dot(c,d)                    #两个二维数组点乘，规则与矩阵乘法相同
Out[81]:
    array([[ 42, 48, 54],
           [114, 136, 158],
           [186, 224, 262]])
In[82]: np.dot(3,5)                #两个标量相乘
Out[82]: 15
In[83]: np.dot(3,np.array([1,2,3]))  #一个标量和数组点乘
Out[83]: array([3, 6, 9])
```

从例 3-27 可以看出，两个数组进行点乘运算时，并不需要相同的形状，只要第 1 个数组的列数和第 2 个数组的行数相等即可，这种运算规则与线性代数中矩阵乘法的规则是一样的。

2. 广播机制

除 dot()函数之外，本节其他示例中，参与运算的两个数组通常都具有相同的形状，那么形状不同的数组是否可以进行运算？实际上，在满足一些条件的前提下，NumPy 具有智能自动填充的功能，当两个数组的形状不相同时，可以对较小数组中的元素进行扩充，使之能够匹配较大数组的形状，这种机制称为广播(broadcasting)。

广播机制的规则可以归纳如下。

(1) 如果两个数组的维度不同,NumPy 的广播机制会为维度较小的数组添加新的轴,使其维度与较大的数组一致。

(2) 尺寸较小的数组沿着新添加的轴复制之前的元素,直到尺寸与较大的数组相同。

(3) 如果两个数组在任何维度上都不匹配,则需要将某维度中尺寸为 1 的数组拉伸,以匹配较大数组的尺寸。

上述规则看似复杂,实际上,通过分析可以得出简化的结论:数组运算过程中,要使广播机制能够起作用,参与运算的两个数组在某个维度上的尺寸要么相等,要么为 1,否则会出现广播错误,运算无法完成。

【例 3-28】 数组运算的广播机制示例 1。

```
In[84]:
    a = np.arange(3)
    a + 1
Out[84]: array([1, 2, 3])
In[85]:
    b = np.array([[1,1,1],[2,2,2],[3,3,3]])
    b + a
Out[85]:
    array([[1, 2, 3],
           [2, 3, 4],
           [3, 4, 5]])
In[86]:
    c = np.arange(1,4).reshape(3,1)
    c + a
Out[86]:
    array([[1, 2, 3],
           [2, 3, 4],
           [3, 4, 5]])
```

例 3-28 中的数据及运算都非常简单,可以通过图形化的方式展示本例中的运算过程,如图 3.7 所示。其中虚线部分就是 NumPy 广播机制自动填充的部分。

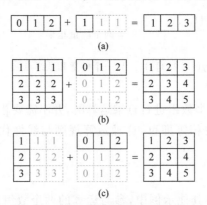

图 3.7 NumPy 数组运算的广播机制

如果两个运算对象的维度差超过 1,如一个三维数组和一个标量或一维数组进行运算,只要满足前面说到的条件,上述广播机制同样适用。

【例3-29】 数组运算的广播机制示例2。

```
In[87]:
    a = np.arange(12).reshape(2,3,2)
    b = np.arange(2)
    a * 2
Out[87]:
    array([[[ 0, 2], [ 4, 6], [ 8, 10]],
           [[12, 14], [16, 18], [20, 22]]])
In[88]: a + b
Out[88]:
    array([[[ 0, 2], [ 2, 4], [ 4, 6]],
           [[ 6, 8], [ 8, 10], [10, 12]]])
```

3. 关系运算

ndarray 数组支持的关系运算包括>、<、>=、<=、==、!=，这些运算含义无须解释，运算结果是包含布尔型数据的 ndarray 数组。

【例3-30】 数组的关系运算。

```
In[89]:
    a = np.random.randint(100,size = 5)
    a
Out[89]: array([30, 24, 80, 4, 49])
In[90]:
    b = np.random.randint(100,size = 5)
    b
Out[90]: array([83, 48, 84, 75, 40])
In[91]: a > b
Out[91]: array([False, False, False, False, True])
In[92]: a % 2 == 0
Out[92]: array([ True, True, True, True, False])
```

NumPy 中还提供了一组用于关系运算的函数，其功能与关系运算符相同，如表3.5所示。

表3.5 数组关系函数

关系运算函数	功能说明（a,b 均为 ndarray 数组）
np.greater(a b)	相当于 a>b
np.greater_equal(a b)	相当于 a>=b
np.less(a b)	相当于 a<b
np.less_equal(a b)	相当于 a<=b
np.equal(a b)	相当于 a==b
np.not_equal(a b)	相当于 a!=b

4. 逻辑运算和条件运算

NumPy 中提供了一组进行逻辑运算的函数，如表3.6所示。

表 3.6 数组逻辑运算

逻辑运算函数	功能说明（a,b 均为 ndarray 数组）
np.logical_and(a,b)	将数组 a 和 b 对应位置的元素进行逻辑与运算
np.logical_or(a,b)	将数组 a 和 b 对应位置的元素进行逻辑或运算
np.logical_not(a)	对数组 a 中的元素进行逻辑取反运算
np.logical_xor(a,b)	将数组 a 和 b 对应位置的元素进行逻辑异或运算
np.any(a, axis=0)	按照 axis 指定的轴判断数组 a 中的元素是否存在 True 或非零值，如果是，则返回结果 True，否则返回 False；如果 axis 参数为默认值，则判断数组中的所有元素
np.all(a, axis=0)	按照 axis 指定的轴判断数组 a 中的元素是否均为 True 或非零值，如果是，则返回结果 True，否则返回 False；如果 axis 参数为默认值，则判断数组中的所有元素

【例 3-31】 数组逻辑运算函数。

```
In[93]:
    arr1 = np.array([2,5,0,4,10,7])
    np.any(arr1)                        #一维数组不需要 axis 参数
Out[93]: True
In[94]: np.all(arr1)
Out[94]: False
In[95]:
    arr2 = np.array([[5, 0, 8, 7, 0], [6, 8, 1, 3, 7], [3, 5, 7, 0, 2]])
    np.any(arr2)
Out[95]: True                           #axis 参数为默认值,判断二维数组的所有元素
In[96]: np.any(arr2,axis = 0)           #按列方向判断数组元素
Out[96]: array([ True, True, True, True, True])
In[97]: np.all(arr2,axis = 1)           #按行方向判断数组元素
Out[97]: array([False, True, False])
In[98]:
    x = np.array([True,False,True,False])
    y = np.array([True,True,False,False])
    np.logical_xor(x,y)
Out[98]: array([False, True, True, False])
In[99]: np.logical_and(x,y)
Out[99]: array([ True, False, False, False])
```

NumPy 中的 where()函数可用于条件运算，其语法格式为 np.where(condition, x, y)，参数 x 和 y 可以是数组，也可以是标量。当 x 和 y 是数组时，判断条件 condition 是否成立，如果成立则返回数组 x 中的对应位置的元素，否则返回数组 y 中对应位置的元素；如果 x 和 y 是标量，则根据 condition 条件是否成立，直接返回 x 或 y 的值。最后，将这些 x 和 y 构成一个数组作为函数返回结果。

如果省略参数 x 和 y，则函数返回一个元组，元组中的每个元素是一个 ndarray 数组，其中的值是原数组中满足 condition 条件的元素在每个维度上的索引，也就是说原数组有几维，函数返回的元组中就有几个数组。

【例 3-32】 where()条件运算。

```
In[100]:
    a = np.arange(10)
    np.where(a%2 == 0,a + 2,a - 2)
Out[100]:array([ 2, -1, 4, 1, 6, 3, 8, 5, 10, 7])
In[101]:
    x = np.array([15,2,74,35,19])
    y = np.array([24,17,55,89,5])
    np.where(x > y, x, y)            #返回数组 x 和 y 对应位置上的较大值
Out[101]:array([24, 17, 74, 89, 19])
In[102]:
    b = np.arange(12).reshape(3,4)
    np.where(b%2 == 0)
Out[102]:
    (array([0, 0, 1, 1, 2, 2], dtype = int64),
    array([0, 2, 0, 2, 0, 2], dtype = int64))
```

例 3-32 中,二维数组 b 形式如下:

0	1	2	3
4	5	6	7
8	9	10	11

其中,带有阴影的元素满足 b%2==0,它们的索引分别为(0,0)、(0,2)、(1,0)、(1,2)、(2,0)和(2,2),正是 where()函数返回元组中的两个数组对应位置上的值所组成的。

where()函数还可以嵌套使用,表达更为复杂的判断逻辑。例如,实现类似 np.sign()函数的功能,可以使用 where()函数嵌套完成。

【例 3-33】 where()函数嵌套实现 sign()函数的功能。

```
In[103]:
    arr = np.random.randn(4,4)
    arr
Out[103]:
    array([[ -0.46121921, 2.18749916, 0.07749087, -0.04712332],
           [ -0.85925889, 0.33265375, 0.68970802, -2.58617979],
           [ -0.85865669, 0.33193506, -0.33479476, -0.42869469],
           [ 0.11016316, 0.23310991, 1.73513802, -1.16844371]])
In[104]: np.where(arr > 0,1,np.where(arr < 0, -1,0))
Out[104]:
    array([[ -1, 1, 1, -1],
           [ -1, 1, 1, -1],
           [ -1, 1, -1, -1],
           [1, 1, 1, -1]])
```

3.3.2 数组的排序

NumPy 中用于排序的常用函数是 sort()和 argsort(),语法格式和功能如表 3.7 所示。

表 3.7 NumPy 常用排序函数

排 序 函 数	功 能 说 明
np.sort(array, axis=-1, kind='quicksort')	根据 axis 参数指定的轴对数组 array 的元素排序，axis 默认值为-1，表示沿着最后一个轴排序。如果指定 axis 为 None，则表示将数组展平为一维之后进行排序；参数 kind 指定排序算法，默认值为'quicksort'(快速排序)，还可以取值'mergesort'(归并排序)和'heapsort'(堆排序)。函数返回排序后的结果数组，原数组 array 不变
np.argsort(array, axis=-1, kind='quicksort')	返回沿着 axis 指定轴对数组 array 排序后的元素在原数组中的索引，原组保持不变，参数意义与 np.sort()函数相同

【例 3-34】 sort()函数对数组排序。

```
In[105]:
    a = np.random.randint(1,100,(3,5))
    a
Out[105]:
    array([[57, 80, 81, 13, 42],
           [90, 72, 72, 16, 71],
           [24, 71, 93, 28, 87]])
In[106]: np.sort(a, axis = 0)          #沿 0 轴对数组排序，即每列分别排序
Out[106]:
    array([[24, 71, 72, 13, 42],
           [57, 72, 81, 16, 71],
           [90, 80, 93, 28, 87]])
In[107]: np.sort(a, axis = None)       #将数组展平排序
Out[107]: array([13, 16, 24, 28, 42, 57, 71, 71, 72, 72, 80, 81, 87, 90, 93])
In[108]:
    b = np.random.randint(1,100,(2,3,4))
    b
Out[108]:
    array([[[81, 13, 57, 2],
            [86, 53, 35, 47],
            [84, 11, 85, 24]],

           [[99, 95, 62, 40],
            [86, 18, 90, 17],
            [31, 26, 53, 62]]])
In[109]: np.sort(b, axis = -1)         #沿着最后一个轴，即 2 轴，对三维数组排序
Out[109]:
    array([[[ 2, 13, 57, 81],
            [35, 47, 53, 86],
            [11, 24, 84, 85]],

           [[40, 62, 95, 99],
            [17, 18, 86, 90],
            [26, 31, 53, 62]]])
```

【例 3-35】 argsort()函数示例。

```
In[110]:
    c = np.random.randint(50, size = 10)
    c
Out[110]: array([26, 32, 21, 3, 14, 30, 43, 20, 16, 24])
In[111]: np.argsort(c)
Out[111]: array([3, 4, 8, 7, 2, 9, 0, 5, 1, 6], dtype = int64)
```

此外,ndarray 对象也有 sort()和 argsort()方法,语法格式如下:

ndarray.sort(axis = -1, kind = 'quicksort')
ndarray.argsort(axis = -1, kind = 'quicksort')

这两个方法的参数含义与 sort()函数、argsort()函数相同。需要注意的是,sort()方法是原地工作模式,排序会改变原数组。

3.3.3 统计运算

ndarray 数组对象支持常见的统计运算,如表 3.8 所示。

表 3.8 ndarray 对象的统计运算方法

统计运算方法	功 能 说 明
ndarray.max(axis=None)	根据 axis 指定的轴,返回数组中的最大值
ndarray.argmax(axis=None)	根据 axis 指定的轴,返回数组中的最大值元素的索引
ndarray.min(axis=None)	根据 axis 指定的轴,返回数组中的最小值
ndarray.argmin(axis=None)	根据 axis 指定的轴,返回数组中的最小值元素的索引
ndarray.ptp(axis=None)	根据 axis 指定的轴,计算数组中最大值与最小值之差
ndarray.sum(axis=None)	根据 axis 指定的轴,计算数组元素的和
ndarray.cumsum(axis=None)	根据 axis 指定的轴,计算数组元素的累计和
ndarray.mean(axis=None)	根据 axis 指定的轴,计算数组元素的平均值
ndarray.var(axis=None)	根据 axis 指定的轴,计算数组元素的方差
ndarray.std(axis=None)	根据 axis 指定的轴,计算数组元素的标准差
ndarray.prod(axis=None)	根据 axis 指定的轴,计算数组元素的乘积
ndarray.cumprod(axis=None)	根据 axis 指定的轴,计算数组元素的累积
ndarray.trace(offset=0)	返回数组对角线元素之和,参数 offset 表示离开主对角线的偏移量

表 3.8 中大多方法都有 axis 参数,用于指定统计计算应用的轴,axis 取默认值 None 表示对数组中所有元素进行指定运算。例 3-36 选取表 3.8 中部分函数加以说明。

【例 3-36】 ndarray 对象的统计运算方法。

```
In[112]:
    arr = np.random.randint(20, size = (4,4))
    arr
```

```
Out[112]:
    array([[ 5, 18, 14,  3],
           [12, 15, 19,  8],
           [ 4,  6, 16,  7],
           [14, 11,  2,  2]])
In[113]: arr.max()                    #axis 参数为默认值,返回数组所有元素中的最大值
Out[113]: 19
In[114]: arr.argmin(axis = 0)         #按列返回最小值元素索引
Out[114]: array([2, 2, 3, 3], dtype = int64)
In[115]: arr.cumsum(axis = 1)         #按行计算累计和
Out[115]:
    array([[ 5, 23, 37, 40],
           [12, 27, 46, 54],
           [ 4, 10, 26, 33],
           [14, 25, 27, 29]], dtype = int32)
In[116]: arr.ptp(axis = 1)            #按行计算最大元素和最小元素之差
Out[116]: array([15, 11, 12, 12])
In[117]: arr.mean(axis = 0)           #按列计算元素平均值
Out[117]: array([ 8.75, 12.5 , 12.75,  5.  ])
In[118]: arr.std(axis = 1)            #按行计算元素的标准差
Out[118]: array([6.20483682, 4.03112887, 4.60298816, 5.35607132])
In[119]: arr.trace()                  #计算数组主对角线元素之和
Out[119]: 38
```

NumPy 中同样也提供了实现表 3.8 中所列统计运算的函数,函数名称及功能与表 3.8 中的方法也相同,调用时将数组作为参数即可。例如,np.argmax(arr,axis=0)。此外,在统计运算中,中位数也是一个常用的统计量,NumPy 中求数组元素中位数的函数是 np.median(),不过 ndarray 数组对象并没有这个方法,需要读者注意。

3.3.4 线性代数运算

NumPy 中的 linalg 模块提供了常用的线性代数运算函数,包括矩阵求逆、求特征值、求解线性方程组等。linalg 模块常用函数如表 3.9 所示。

表 3.9 linalg 模块常用函数

线性代数函数	功 能 说 明
det()	计算矩阵行列式
eig(A)	计算方阵 A 的特征值和特征向量
inv(A)	计算方阵 A 的逆矩阵
solve(A,b)	求解线性方程组 AX=b,其中 A 是一个 N 阶方阵,b 是长度为 N 的一维向量,X 为线性方程组的解

【例 3-37】 线性代数函数示例。

```
In[120]:
    a = np.array([[1,2,3],[1,0, - 1],[0,1,1]])
    np.linalg.det(a)                  #计算矩阵的行列式
```

```
Out[120]: 2.0
In[121]: np.linalg.inv(a)           #求矩阵的逆矩阵
Out[121]:
    array([[ 0.5, 0.5, -1. ],
           [-0.5, 0.5,  2. ],
           [ 0.5, -0.5, -1. ]])
```

【例 3-38】 求解线性方程组 $\begin{cases} x-2y+z=0 \\ 2y-8z=8 \\ -4x+5y+9z=-9 \end{cases}$ 。

```
In[122]:
    A = np.array([[1,-2,1],[0,2,-8],[-4,5,9]])
    b = np.array([0,8,-9])
    x = np.linalg.solve(A,b)
    x
Out[122]: array([29., 16., 3.])
```

对于以上的求解结果,可以使用 dot() 函数进行验证,代码如下:

```
In[123]: np.dot(A,x)
Out[123]: array([ 0., 8., -9.])
```

可以看到,A 和 x 点乘的结果就是一维数组 b。

3.4 一个有趣的数组应用实例

在本章前面几节中,初步学习了 NumPy 中 ndarray 数组使用,涉及了大量的运算和函数,读者可能会感到有些枯燥。实际上,除了枯燥的数组操作、矩阵运算之外,ndarray 对象还可以做很多有趣事情,本节介绍使用数组进行简单图像变换的实例。

RGB 模式是工业界通用的颜色标准,通过 R(红)、G(绿)、B(蓝)3 种颜色通道的变化以及它们相互之间的叠加可以得到几乎所有人类视力所能感知的颜色。一幅图像由若干像素点组成,每个像素点均由 R、G、B 这 3 种颜色组成,每种颜色的取值范围是 0~255。

在本节的实例中,会涉及用于图像处理的第三方库 PIL 以及用于数据可视化的第三方库 Matplotlib,这两个库在 Anaconda 中都已经默认安装。读者对这些内容不太了解也没有关系,这里更多关注如何将本章所学有关数组的操作和运算用于图像处理的过程。

首先,导入相关的库和模块;然后就可以使用 Image 对象的 open() 函数打开图像文件。如果图像文件在 Jupyter Notebook 默认工作目录下,则直接给出文件名即可;否则需要给出绝对路径和文件名。下面假设当前工作目录下已存在一个文件名为 iris.jpg 的图像文件。

```
In[124]:
    import numpy as np
    from PIL import Image
    import matplotlib.pyplot as plt
    pic = Image.open('iris.jpg')        #读取图像文件
```

此时，如果直接输出变量 pic，则会在 Notebook 中显示原图，此处不再演示。接下来要做的是把图片的数据读入一个 ndarray 数组中，可以使用 array() 函数直接完成，代码如下：

```
In[125]:
    im = np.array(pic)              #将图片数据读入数组 im
    im.shape
Out[125]: (694, 869, 3)
```

从上述结果中可以看出，im 是一个尺寸为 694×869×3 的三维数组，说明原图像文件的像素是 694×869，后面的 3 则表示每个像素点的 R、G、B 三种颜色值。可以输出数组 im 的值来观察，代码如下：

```
In[126]: im
Out[126]:                           #输出数组 im 的值，行数太多，只显示一小部分
    array([[[168, 208, 148],
        [170, 210, 150],
        [170, 210, 148],
        ...,
        [186, 208, 126],
        [189, 211, 129],
        [190, 212, 130]],
        ...,
        ...,
        [ 21, 40, 10],
        [ 19, 38, 8],
        [ 18, 37, 7]]], dtype = uint8)
```

其中，最内层括号中的 3 个数就是一个像素点的 R、G、B 三种颜色值。

下面使用 plt 模块显示图像：

```
In[127]:
    plt.imshow(pic)
    plt.show()
```

将图像文件读到数组中后，就可以通过对数组的操作实现图像变换的功能。

1. 改变像素点颜色值

下面通过简单的算术运算改变图像中像素点的颜色值。

In[128]:
```
plt.imshow([255,255,255] - im)
plt.show()
```

上面的操作中,[255,255,255]-im 是一个简单的数组算术运算,两个运算对象一个是一维的,一个是三维的,那么必然会涉及广播机制,操作结果就是用[255,255,255]分别减每个像素点的 R、G、B 三种颜色的数值,再输出每个点的颜色都改变了的图像。

2. 灰度变换

灰度变换是图像处理中常见的操作,使用数组同样可以很轻松实现,代码如下:

In[129]:
```
R = im[:,:,0]
G = im[:,:,1]
B = im[:,:,2]
L = R * 299 / 1000 + G * 587 / 1000 + B * 114 / 1000        #灰度变换公式
plt.imshow(L, cmap = "gray")
plt.show()
```

上述操作中,先通过索引操作,分别取出所有像素点在 R、G、B 三个通道上的颜色值,然后用灰度变换公式进行计算即可。

3. 改变图像纵横方向

改变图像的纵横方向,实际上就是对数组进行轴对换操作,代码如下:

In[130]:
    plt.imshow(im.transpose(1,0,2))   #交换数组的0轴和1轴
    plt.show()

4. 图像翻转

In[131]:
    im_x = im[::-1]   #将数组0轴整体翻转,实现图像纵向翻转
    plt.imshow(im_x)
    plt.show()

    im_y = im[:,::-1]   #将数组1轴整体翻转,实现图像横向翻转
    plt.imshow(im_y)
    plt.show()

上述操作中,使用数组切片操作翻转数组的某一轴,实际上就是沿着横向或纵向将图像的像素点翻转位置,以此实现图像的翻转。

5. 图像裁剪

图像裁剪实现同样非常简单,只需在 0 轴和 1 轴上同时对数组进行切片操作即可,代码如下:

```
In[132]:
    plt.imshow(im[250:420,660:850])
    plt.show()
```

6. 图像拼接

图像拼接可以通过数组的合并轻松实现,代码如下:

```
In[133]:
    t1 = np.concatenate((im, im), axis = 1)      #横向拼接
    t2 = np.concatenate((t1, t1), axis = 0)      #纵向拼接
    plt.imshow(t2)
    plt.show()
```

7. 图像分割

图像分割可以通过数组的拆分来实现,代码如下:

```
In[134]:
    t1,t2,t3 = np.vsplit(im,[250,500])
    plt.imshow(t1)
```

```
plt.show()
plt.imshow(t2)
plt.show()
plt.imshow(t3)
plt.show()
```

8. 随机打乱图片

```
In[135]:
    height = im.shape[0]
    li = np.split(im.copy(), range(30, height, 30), axis = 0)
    np.random.shuffle(li)
    t = np.concatenate(li, axis = 0)
    plt.imshow(t)
    plt.show()
```

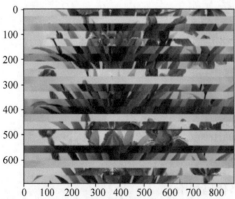

以上操作中,沿 0 轴将数组拆分成多个部分,用 shuffle()函数随机排序后再合并在一起,达到了将图像随机打乱的效果。

简单总结上述这些图像变换，用到了 ndarray 数组的算术运算、随机函数，以及索引、切片、拆分、合并、轴对换等操作。更多的转换方式和操作技巧，读者可以进一步自行探索研究。

3.5 本章小结

NumPy 是 Python 科学计算及数据分析领域最基础的库，本章主要介绍了 NumPy 的基础知识，包括 NumPy 核心对象 ndarray 数组的各种创建方法和属性；数组的索引、切片、形状变换、合并拆分等基本操作；ndarray 数组的各种运算方法及广播机制、常用的排序函数、统计方法以及线性代数运算函数等。

第4章 Pandas数据分析

本章学习目标

- 掌握 Pandas 的数据结构及其创建。
- 掌握 DataFrame 的基本行操作和列操作。
- 掌握 Pandas 的各种检索，包括基本检索、多行多列检索、条件检索、重新检索和更换检索。
- 掌握 Pandas 的数据运算，包括算数运算、排序、函数应用和统计方法。
- 掌握 Pandas 对缺失值的查找、删除和填充操作。
- 掌握 Pandas 的数据载入及输出操作。
- 掌握 Pandas 的数据聚合与分组操作，包括 merge 数据合并、concat 轴向连接、判断并删除重复行、对数据进行分组以及得到分组后的运算操作。

Pandas 是基于 NumPy 的数据分析模块，它被广泛应用于快速分析数据，以及数据的清洗和准备等工作。它的名字来源于 panel data，也就是面板数据的意思。由于 Pandas 提供了大量标准数据模型和高效操作大型数据集所需的工具，可以说 Pandas 是使得 Python 能够成为高效且强大的数据分析环境的重要因素之一。

4.1 Pandas 数据结构及创建

Pandas 有两种基本的数据结构：Series 和 DataFrame。本节讲解 Pandas 两种数据结构及其创建。

4.1.1 Pandas 数据结构概述

【例 4-1】 初识 DataFrame

```
In[1] : import pandas as pd
        df = pd.read_excel('水浒人物.xlsx')
        df
Out[1] :
```

	座次	姓名	绰号	梁山泊职位
0	1	宋江	及时雨、呼保义、孝义黑三郎	总督兵马大元帅
1	2	卢俊义	玉麒麟	总督兵马副元帅
2	3	吴用	智多星	掌管机密正军师
3	4	公孙胜	入云龙	掌管机密副军师
4	5	关胜	大刀	马军五虎将之首兼左军大将领正东旱寨守尉主将
5	6	林冲	豹子头	马军五虎将之二兼右军大将领正西旱寨守尉主将

...	...	...		...
104	105	郁保四	险道神	内务处十六监造十六兼掌旗营指挥知专捧帅字旗帜事
105	106	白胜	白日鼠	走报机密四校之二兼细作队都统制
106	107	时迁	鼓上蚤	走报机密四校之三兼侦查队都统制
107	108	段景住	金毛犬	走报机密四校之四兼斥候队都统制

108 rows × 4 columns

在例 4-1 中,读出 Excel 文件"水浒英雄.xlsx",可以得到如例 4-1 输出所示的 108 行、4 列的一组数据显示,这组数据类似 Excel 表格中的二维表。

下面描述这种输出的数据类型。

【例 4-2】 查看 DataFrame 的数据类型。

```
In[2]:
    print(type(df))
    print(df.shape)
Out[2]:
    <class 'pandas.core.frame.DataFrame'>
    (108, 4)
```

可见,这种数据类型就是 DataFrame,下面再来看它的索引。

【例 4-3】 查看 DataFrame 的行列索引。

```
In[3]:
    df.columns
    df.index
Out[3]:
    Index(['座次', '姓名', '绰号', '梁山泊职位'], dtype = 'object')

    RangeIndex(start = 0, stop = 108, step = 1)
```

可见,DataFrame 是一个表格型的数据类型,类似 Excel,它含有一组有序的列,每列可以是不同的数据类型的值(数值、字符串、布尔值等)。DataFrame 既有行索引也有列索引。DataFrame 数据类型是 Python 数据分析最常用的数据类型,无论是创建的数据还是外部数据,人们首先想到的都是如何将其转变为 DataFrame 数据类型。

【例 4-4】 初识 Series。

```
In[4]:
    s1 = df['姓名']
    print(s1)
    print(type(s1))
Out[4]:
    0       宋江
    1       卢俊义
    2       吴用
    3       公孙胜
    4       关胜
    5       林冲
```

```
         ...       ...
         101      张青
         102      孙二娘
         103      王定六
         104      郁保四
         105      白胜
         106      时迁
         107      段景住
         Name: 姓名, Length: 108, dtype: object
     <class 'pandas.core.series.Series'>
```

从 DataFrame 里提出一列就是一个 Series。Series 类似于一维数组,它是由一组数据(各种 NumPy 数据类型)和一组对应的索引组成的。

4.1.2 创建 Series 数据结构

Series 通常可以通过列表和字典来创建。

1. 通过列表创建

【例 4-5】 通过列表创建 Series。

```
In[5]:
     data = [1,2,3,4]
     s = pd.Series(data,index = ['a','b','c','d'])
     s
Out[5]:
     a    1
     b    2
     c    3
     d    4
     dtype: int64
```

【例 4-6】 获取 Series 的索引等值。

```
In[6]:
     # 获取索引
     print(s.index)
     # 获取值
     print(s.values)
     # 获取大于 2 的数据
     print(s[s>2])
Out[6]:
   Index(['a', 'b', 'c', 'd'], dtype = 'object')
   [1 2 3 4]
     c    3
     d    4
     dtype: int64
```

2. 通过字典创建

如果数据被存放在一个 Python 字典中,则可以直接通过这个字典来创建 Series。

【例 4-7】 通过字典创建 Series。

```
In[7]:
    dict_value = {'1':'宋江','2':'卢俊义','3':'吴用'}
    s2 = pd.Series(dict_value)
    print(s2)
Out[7]:
    1    宋江
    2    卢俊义
    3    吴用
    dtype: object
```

【例 4-8】 为索引命名 name 值。

```
In[8]:
    s2.index.name = '座次'
    print(s2)
Out[8]:
    座次
    1    宋江
    2    卢俊义
    3    吴用
    dtype: object
```

4.1.3 创建 DataFrame 数据结构

创建 DataFrame 的方式有很多，最常用的是通过列表、字典来创建，也可以由列表字典或者 Series 来创建，同时还可以直接从文件中导入创建。

1. 通过列表创建

【例 4-9】 通过列表创建 DataFrame 并查看。

```
In[9]:
    data = [['1','宋江'],['2','卢俊义'],['3','吴用']]
    df = pd.DataFrame(data)
    print(df)
    print(type(df))
Out[9]:
       0   1
    0  1   宋江
    1  2   卢俊义
    2  3   吴用
    <class 'pandas.core.frame.DataFrame'>
```

如例 4-9 所示，用列表创建了 DataFrame，行列索引默认都是从 0 开始的数字。

【例 4-10】 通过列表创建 DataFrame 并指定索引值。

```
In[10]:
    data = [['1','宋江'],['2','卢俊义'],['3','吴用']]
    df = pd.DataFrame(data,index = ['rank1','rank2','rank3'],columns = ['座次','姓名'])
    print(df)
    print(type(df))
```

```
Out[10]:
       座次    姓名
rank1   1    宋江
rank2   2    卢俊义
rank3   3    吴用
<class 'pandas.core.frame.DataFrame'>
```

2．通过字典创建

【例4-11】 通过字典创建DataFrame并查看。

```
In[11]:
    data = {'座次':['1','2',3],'姓名':['宋江','卢俊义','吴用']}
    dff = pd.DataFrame(data)
    print(dff)
Out[11]:
     姓名    座次
 0   宋江    1
 1   卢俊义   2
 2   吴用    3
```

【例4-12】 通过字典创建DataFrame并指定索引。

```
In[12]:
    df2 = pd.DataFrame(data,index = ['rank1','rank2','rank3'],columns = ['座次','姓名'])
    print(df2)
Out[12]:
        座次    姓名
rank1    1    宋江
rank2    2    卢俊义
rank3    3    吴用
```

3．通过列表字典创建

所谓列表字典，就是列表是由字典组成的。

【例4-13】 通过列表字典创建DataFrame。

```
In[13]:
    data = [{'座次':1,'姓名':'宋江'},{'座次':2,'姓名':'卢俊义'},{'座次':3,'姓名':'吴用'}]
    dff = pd.DataFrame(data)  # 不指定索引
    print(dff)
Out[13]:
     姓名    座次
 0   宋江    1
 1   卢俊义   2
 2   吴用    3
```

【例4-14】 通过列表字典创建DataFrame，并设置索引。

```
In[14]:
    data = [{'座次':1,'姓名':'宋江'},{'座次':2,'姓名':'卢俊义'},{'座次':3,'姓名':'吴用'}]
    df3 = pd.DataFrame(data,index = ['rank1','rank2','rank3'],columns = ['座次','姓名'])
```

```
        print(df3)
Out[14]:
              座次    姓名
       rank1   1    宋江
       rank2   2    卢俊义
       rank3   3    吴用
```

4. 通过 Series 创建

由于 DataFrame 是由 Series 组成的,因此多个 Series 也可以组成 DataFrame。

【例 4-15】 通过 Series 创建 DataFrame。

```
In[15]:
       s1 = pd.Series(['1','宋江'])
       s2 = pd.Series(['2','卢俊义'])
       s3 = pd.Series(['3','吴用'])
       data = [s1,s2,s3]
       dff = pd.DataFrame(data)
       print(dff)
Out[15]:
              0    1
        0     1    宋江
        1     2    卢俊义
        2     3    吴用
```

【例 4-16】 通过 Series 创建 DataFrame,并设置索引值。

```
In[16]:
       s1 = pd.Series(['1','宋江'])
       s2 = pd.Series(['2','卢俊义'])
       s3 = pd.Series(['3','吴用'])
       data = [s1,s2,s3]
       df4 = pd.DataFrame(data,index = ['rank1','rank2','rank3'])
       print(df4)
Out[16]:
              0    1
       rank1   1    宋江
       rank2   2    卢俊义
       rank3   3    吴用
```

5. 从文件直接导入创建

在做量化分析时,更多的情况是需要导入外部数据进行分析,从文件直接导入数据创建 DataFrame 是非常用的,在本章例 4-1 中已经使用了这种模式。导入的文件可能是多种形式,如.xlsx 和.csv 等。

【例 4-17】 从文件直接导入创建 DataFrame 并查看。

```
In[17]:
       df5 = pd.read_excel('水浒人物.xlsx')
       print(df5)
Out[17]:
```

```
     座次  姓名        绰号           梁山泊职位
0     1   宋江      及时雨、呼保义、孝义黑三郎    总督兵马大元帅
1     2   卢俊义     玉麒麟           总督兵马副元帅
2     3   吴用      智多星           掌管机密正军师
3     4   公孙胜     入云龙           掌管机密副军师
4     5   关胜      大刀            马军五虎将之首兼左军大将领正东旱寨守尉主将
..   ...  ...      ...
106  107  时迁      鼓上蚤           走报机密四校之三兼侦查队都统制
107  108  段景住     金毛犬           走报机密四校之四兼斥候队都统制

[108 rows x 4 columns]
```

创建 DataFrame 是有规律可循的，Series 也一样。虽然前面提出了用两种方式创建 Series，5 种方式创建 DataFrame，除去从文件直接导入的创建，其他创建方式最关键的是要定义好 data（当 data 很简单时，当然也可以直接用数据创建；但当 data 的形式比较复杂时，最好先定义 data），所谓的不同方式其实主要是 data 数据类型的区别。只要理解了创建的参数，为不同的参数赋值，创建过程就会很清晰。

创建 DataFrame 的语法格式如下：

```
pandas.DataFrame(data,index,columns,dtype,copy)
```

创建 DataFrame 的参数说明如表 4.1 所示。

表 4.1 创建 DataFrame 的参数说明

参数	说 明
data	支持多种数据类型，如 ndarray、series、map、lists、dict、constant 和另一个 DataFrame
index	行标签，如果没有传递索引值，则默认值为 np.arange(n)
columns	列标签，如果没有传递索引值，则默认值为 np.arange(n)
dtype	每列的数据类型
copy	是否复制数据，默认值为 False

4.2 DataFrame 基本操作

DataFrame 的结构类似数据库中的基本表，类似 Excel 文件，都是行列结构，是二维表的形式。和其他的二维表操作一样，也存在基本的列操作和行操作，这也是其他操作的基础。下面将重点学习 DataFrame 的基本列操作和行操作，类似数据库中的单表操作。操作内容可以简单概括为数据更新和数据查询。数据更新又分为数据的增加、删除和修改。总体而言，就是分别学习列数据和行数据的增、删、改、查。

4.2.1 基本列操作

由于删除操作相比其他更新操作稍显复杂，所以本节按照列的增加、修改、检索和删除的顺序来学习列的基本操作。

下面先定义一个 DataFrame。

【例 4-18】演示用 DataFrame 创建。

```
In[18]:
    data=[['1','宋江'],['2','卢俊义'],['3','吴用']]
```

```
        df = pd.DataFrame(data,index = ['rank1','rank2','rank3'],columns = ['座次','姓名'])
        print(df)
Out[18]:
          座次    姓名
    rank1   1    宋江
    rank2   2    卢俊义
    rank3   3    吴用
```

1. 列的增加

【例 4-19】 在例 4-18 的数据中增加"绰号"列。

```
In[19]:
        # 增加列
        df['绰号'] = ['及时雨','玉麒麟','智多星']
        df
Out[19]:
```

	座次	姓名	绰号
rank1	1	宋江	及时雨
rank2	2	卢俊义	玉麒麟
rank3	3	吴用	智多星

2. 列的修改

修改一列的内容和增加类似,只不过是定位到已有的列,然后直接修改内容。

【例 4-20】 修改"绰号"值。

```
In[20]:
        # 修改列
        df['绰号'] = ['呼保义','玉麒麟','智多星']
        df
Out[20]:
```

	座次	姓名	绰号
rank1	1	宋江	呼保义
rank2	2	卢俊义	玉麒麟
rank3	3	吴用	智多星

如上,将"宋江"的绰号修改为"呼保义"。

3. 列的检索

【例 4-21】 检索(查看)一列。

```
In[21]:
        # 检索一列(查看)
        print(df['姓名'])
        print(type(df['姓名']))
Out[21]:
```

```
rank1    宋江
rank2    卢俊义
rank3    吴用
Name: 姓名, dtype: object
<class 'pandas.core.series.Series'>
```

可见,从 DataFrame 检索出来的一列是 Series。

4．列的删除

删除列有不同的方法,下面分别通过 del、pop() 和 drop() 方法来删除,请注意对比这 3 种删除方法的区别。

【例 4-22】 用 del 方法删除列。

```
In[22]:
    del df['绰号']
    print(df)
Out[22]:
         座次   姓名
    rank1   1   宋江
    rank2   2   卢俊义
    rank3   3   吴用
```

可见,用 del 方法删除了原数据,但本身并没有返回值。

【例 4-23】 用 pop() 方法删除列。

```
In[23]:
    df.pop('座次')
Out[23]:
    rank1   1
    rank2   2
    rank3   3
    Name: 座次, dtype: object
```

可见,pop() 方法本身就有返回值,返回的是被删除的值,该返回值可以用一个变量接收。下面重新编辑代码,可将 In[23] 和 Out[23] 改写如下:

```
In[23-1]:
    s1 = df.pop('座次')
    print(s1)
    print(type(s1))
    print(df)
Out[23-2]:
    rank1   1
    rank2   2
    rank3   3
    Name: 座次, dtype: object
    <class 'pandas.core.series.Series'>
```

```
       姓名
rank1  宋江
rank2  卢俊义
rank3  吴用
```

可见,pop()方法的删除,也删除了原数据,且有返回值,返回的是被删除的值。

【例4-24】 用drop()方法删除列。

drop()方法既可以删除列,也可以删除行,用axis参数控制。axis=1时删除列;axis=0时删除行。

注意:在执行下列代码之前需要先恢复数据到没有删除前的状态。

```
In[24]:
    s2 = df.drop('绰号', axis = 1)
    print(s2)
    print(df)
Out[24]:
       座次  姓名
rank1   1   宋江
rank2   2   卢俊义
rank3   3   吴用
       座次  姓名   绰号
rank1   1   宋江   及时雨
rank2   2   卢俊义  玉麒麟
rank3   3   吴用   智多星
```

如上所示,drop()方法删除有返回值,返回的是删除后的值,不改变原数据。

对以上3种列的删除方法比较,可以得到如表4.2所示的比较结果。

表 4.2 三种删除列的方法的比较

方 法 名	返 回 值	是否改变原值
del	无	是
pop( )	有,返回被删除的值	是
drop( )	有,返回删除后的剩余值	否

4.2.2 基本行操作

行的操作按照数据检索(查询)和更新的顺序来介绍。

1. 行的检索

行的检索主要有loc()方法和iloc()方法。

注意:执行以下代码之前,将数据恢复为未进行列删除之前。

【例4-25】 用loc()方法检索。

```
In[25]:
    rank1 = df.loc['rank1']  # 发生转置
    print(type(rank1))
    print(rank1)
```

```
        print(rank1.index)
Out[25]:
    <class 'pandas.core.series.Series'>
    座次      1
    姓名      宋江
    绰号      及时雨
    Name: rank1, dtype: object
    Index(['座次', '姓名', '绰号'], dtype = 'object')
```

可见,loc()方法是根据索引值来获取行。当获取一行数据后,会以转置的形式显示出来,即以 Series 形式展现为列的形式,而不是按原来的行数据格式显示。

【例 4-26】 用 iloc()方法检索。

```
In[26]:
        rank2 = df.iloc[1]
        print(rank2)
Out[26]:
        座次      2
        姓名      卢俊义
        绰号      玉麒麟
        Name: rank2, dtype: object
```

可见,iloc()方法是按照位置来获取行的值,位置从 0 到 N−1,所以 iloc[1]是获取座次 2 的行数据。

2. 行的增加

行的增加也就是添加行,可以用列表和字典添加,也可以用其他方法。

【例 4-27】 用列表添加行。

```
In[27]:
        df.loc['rank4'] = ['4','公孙胜','入云龙']
        print(df)
Out[27]:
              座次    姓名    绰号
      rank1    1    宋江    及时雨
      rank2    2    卢俊义   玉麒麟
      rank3    3    吴用    智多星
      rank4    4    公孙胜   入云龙
```

【例 4-28】 用字典添加行。

```
In[28]:
        df.loc['rank5'] = {'姓名':'关胜','绰号':'大刀','座次':'5'}
        print(df)
Out[28]:
```

```
      座次    姓名     绰号
rank1   1     宋江     及时雨
rank2   2     卢俊义   玉麒麟
rank3   3     吴用     智多星
rank4   4     公孙胜   入云龙
rank5   5     关胜     大刀
```

3. 行的修改

行的修改可以理解为先定位到行,然后再重新赋值。

【例 4-29】 行的修改。

```
In[29]:
    df.loc['rank5'] = {'姓名':'关胜','绰号':'大刀关胜','座次':'5'}
    print(df)
Out[29]:
          座次    姓名     绰号
    rank1   1     宋江     及时雨
    rank2   2     卢俊义   玉麒麟
    rank3   3     吴用     智多星
    rank4   4     公孙胜   入云龙
    rank5   5     关胜     大刀关胜
```

执行修改后,"关胜"的绰号由"大刀"修改为"大刀关胜"。

4. 行的删除

在列的删除中使用过的 drop()方法,在行的删除中依然可行,区别是参数 axis=0 是默认的可以不写,且 drop()方法的删除依然不修改原值,如果要修改原值,加一个参数 inplace=True 即可。

【例 4-30】 行的删除。

```
In[30]:
    df2 = df.drop(['rank3','rank5'], inplace = True)
    print(df2)
    print(df)
Out[30]:
    None
          座次    姓名     绰号
    rank1   1     宋江     及时雨
    rank2   2     卢俊义   玉麒麟
    rank4   4     公孙胜   入云龙
```

可见,当 drop()方法中增加了替换原值的参数 inplace=True 后,原值被直接删除,drop()方法的返回值为空。

4.3 Pandas 检索

4.2 节分析了 DataFrame 的基本操作,即单列单行的增、删、改、查。下面将分析对于非单行单列的各种检索,即多行多列的检索。类似于数据库的 SQL 语言中和 where 查询条件的结合,也类似于 Excel 中的各类条件查询。

4.3.1 基本检索

在开始检索之前,先导入原始文件,代码如下:

```
import pandas as pd
df = pd.read_excel('水浒人物.xlsx')
df
```

【例 4-31】 检索前 5 行。

```
In[31]:
    df.head()  # 检索前 5 行
Out[31]:
```

	座次	姓名	绰号	梁山泊职位
0	1	宋江	及时雨、呼保义、孝义黑三郎	总督兵马大元帅
1	2	卢俊义	玉麒麟	总督兵马副元帅
2	3	吴用	智多星	掌管机密正军师
3	4	公孙胜	入云龙	掌管机密副军师
4	5	关胜	大刀	马军五虎将之首兼左军大将领正东旱寨守尉主将

【例 4-32】 检索后 5 行。

```
In[32]:
    df.tail()  # 检索后 5 行
Out[32]:
```

	座次	姓名	绰号	梁山泊职位
103	104	王定六	活闪婆/霍闪婆	内务处迎宾八使之八兼北山酒店副掌店
104	105	郁保四	险道神	内务处十六监造十六兼掌旗营指挥知专捧帅字旗帜事
105	106	白胜	白日鼠	走报机密四校之二兼细作队都统制
106	107	时迁	鼓上蚤	走报机密四校之三兼侦查队都统制
107	108	段景住	金毛犬	走报机密四校之四兼斥候队都统制

可见,用 head()方法和 tail()方法可以检索前 5 行和后 5 行,且可以在"()"中输入参数控制要检索的具体行数。例如,head(15)是检索前 15 行,tail(30)是检索后 30 行。

【例 4-33】 检索行索引。

```
In[33]:
    df.index  # 检索行索引
Out[33]:
    RangeIndex(start = 0, stop = 108, step = 1)
```

【例 4-34】 检索列索引。

```
In[34]:
    df.columns  # 检索列索引
```

Out[34]:
	Index(['座次', '姓名', '绰号', '梁山泊职位'], dtype = 'object')

4.3.2 多行检索

多行检索,除了用 head()方法和 tail()方法,还可以用索引号、loc()方法和 iloc()方法实现。

【例 4-35】 利用索引号检索多行。

注意:索引号算头不算尾。

In[35]:
```
# 检索前 10 行
df[0:10]
```
Out[35]:

	座次	姓名	绰号	梁山泊职位
0	1	宋江	及时雨、呼保义、孝义黑三郎	总督兵马大元帅
1	2	卢俊义	玉麒麟	总督兵马副元帅
2	3	吴用	智多星	掌管机密正军师
3	4	公孙胜	入云龙	掌管机密副军师
4	5	关胜	大刀	马军五虎将之首兼左军大将领正东旱寨守尉主将
5	6	林冲	豹子头	马军五虎将之二兼右军大将领正西旱寨守尉主将
6	7	秦明	霹雳火	马军五虎将之三兼先锋大将领正南旱寨守尉主将
7	8	呼延灼	双鞭	马军五虎将之四兼合后大将领正北旱寨守尉主将
8	9	花荣	小李广	马军八骠骑兼先锋使之首领寨外讨房游骑主将
9	10	柴进	小旋风	内务处大总管兼钱银库都监

【例 4-36】 利用 loc()方法检索多行。

注意:loc()方法定位的是索引标签,而不是索引号。所以,不存在算头不算尾,而应该是算头也算尾。

In[36]:
```
df.loc[0:10]
```
Out[36]:

	座次	姓名	绰号	梁山泊职位
0	1	宋江	及时雨、呼保义、孝义黑三郎	总督兵马大元帅
1	2	卢俊义	玉麒麟	总督兵马副元帅
2	3	吴用	智多星	掌管机密正军师
3	4	公孙胜	入云龙	掌管机密副军师
4	5	关胜	大刀	马军五虎将之首兼左军大将领正东旱寨守尉主将
5	6	林冲	豹子头	马军五虎将之二兼右军大将领正西旱寨守尉主将
6	7	秦明	霹雳火	马军五虎将之三兼先锋大将领正南旱寨守尉主将
7	8	呼延灼	双鞭	马军五虎将之四兼合后大将领正北旱寨守尉主将
8	9	花荣	小李广	马军八骠骑兼先锋使之首领寨外讨房游department主将
9	10	柴进	小旋风	内务处大总管兼钱银库都监
10	11	李应	扑天雕	内务处副总管兼粮草库都监

【例 4-37】 利用 iloc()方法检索多行。

注意：iloc()方法定位到索引的位置。

In[37]:
    df.iloc[0:10]
Out[37]:

	座次	姓名	绰号	梁山泊职位
0	1	宋江	及时雨、呼保义、孝义黑三郎	总督兵马大元帅
1	2	卢俊义	玉麒麟	总督兵马副元帅
2	3	吴用	智多星	掌管机密正军师
3	4	公孙胜	入云龙	掌管机密副军师
4	5	关胜	大刀	马军五虎将之首兼领军大将领正东旱寨守尉主将
5	6	林冲	豹子头	马军五虎将之二兼右军大将领正西旱寨守尉主将
6	7	秦明	霹雳火	马军五虎将之三兼先锋大将领正南旱寨守尉主将
7	8	呼延灼	双鞭	马军五虎将之四兼合后大将领正北旱寨守尉主将
8	9	花荣	小李广	马军八骠骑兼先锋使之首领寨外讨虏游尉主将
9	10	柴进	小旋风	内务处大总管兼钱粮银库都监

4.3.3 多列检索

单列检索显示的单列以列表显示，因此可以显示表头。

【例 4-38】 单列检索显示表头。

In[38]:
    ♯ 单列检索
    df[['姓名']]
Out[38]:

	姓名
0	宋江
1	卢俊义
2	吴用
...	...
105	白胜
106	时迁
107	段景住

108 rows × 1 columns

【例 4-39】 多列检索。

注意：多列检索，检索内容要用列表显示。

In[39]:

```
df[['姓名','梁山泊职位','座次']]
Out[39]:
```

	姓名	梁山泊职位	座次
0	宋江	总督兵马大元帅	1
1	卢俊义	总督兵马副元帅	2
2	吴用	掌管机密正军师	3
...	...	...	...
105	白胜	走报机密四校之二兼细作队都统制	106
106	时迁	走报机密四校之三兼侦查队都统制	107
107	段景住	走报机密四校之四兼斥候队都统制	108

108 rows × 3 columns

4.3.4 行列检索

下面介绍 4 种行列检索的方法。

1. 通过索引来进行行列检索

【例 4-40】 通过索引进行行列检索。

```
In[40]:
    df[0:10][['姓名']]
Out[40]:
```

	姓名
0	宋江
1	卢俊义
2	吴用
3	公孙胜
4	关胜
5	林冲
6	秦明
7	呼延灼
8	花荣
9	柴进

如果需要显示多列,在列列表中多写即可。例如 df[0:10][['姓名','梁山泊职位']],则显示 10 行 3 列的值。

2. 通过 loc() 方法索引标签进行行列检索

【例 4-41】 通过 loc() 方法切片索引标签进行行列检索。

注意:loc() 方法算头也算尾。

In[41]:
```
df.loc[0:10,['姓名','座次']]
```
Out[41]:

	姓名	座次
0	宋江	1
1	卢俊义	2
2	吴用	3
3	公孙胜	4
4	关胜	5
5	林冲	6
6	秦明	7
7	呼延灼	8
8	花荣	9
9	柴进	10
10	李应	11

3．通过 iloc()方法索引位置进行行列检索

【例 4-42】 通过 iloc()方法切片索引位置进行行列检索。

注意：iloc()方法索引的是位置，是算头不算尾的。

In[42]:
```
df.iloc[0:10,:4]
```
Out[42]:

	座次	姓名	绰号	梁山泊职位
0	1	宋江	及时雨、呼保义、孝义黑三郎	总督兵马大元帅
1	2	卢俊义	玉麒麟	总督兵马副元帅
2	3	吴用	智多星	掌管机密正军师
3	4	公孙胜	入云龙	掌管机密副军师
4	5	关胜	大刀	马军五虎将之首兼左军大将领正东旱寨守尉主将
5	6	林冲	豹子头	马军五虎将之二兼右军大将领正西旱寨守尉主将
6	7	秦明	霹雳火	马军五虎将之三兼先锋大将领正南旱寨守尉主将
7	8	呼延灼	双鞭	马军五虎将之四兼合后大将领正北旱寨守尉主将
8	9	花荣	小李广	马军八骠骑兼先锋使之首领寨外讨捕游骑主将
9	10	柴进	小旋风	内务处大总管兼钱银库都监

【例 4-43】 通过 iloc()方法非切片索引位置进行行列检索。

In[43]:
```
df.iloc[5:10][:3]
```
Out[43]:

座次	姓名	绰号	梁山泊职位
5	6	林冲	豹子头	马军五虎将之二兼右军大将领正西旱寨守尉主将
6	7	秦明	霹雳火	马军五虎将之三兼先锋大将领正南旱寨守尉主将
7	8	呼延灼	双鞭	马军五虎将之四兼合后大将领正北旱寨守尉主将

注意体会例 4-42 和例 4-43 两种方式的区别。

4．通过 reindex()方法进行行列检索

【例 4-44】 通过 reindex()方法进行行检索。

In[44]:
```
df.reindex([9,99,23])
# 相当于 df.reindex(index = [9,99,23])
# 默认参数是 index,所以 index 可以省略
```
Out[44]:

	座次	姓名	绰号	梁山泊职位
9	10	柴进	小旋风	内务处大总管兼钱银库都监
99	100	孙新	小尉迟	内务处迎宾八使之四兼东山酒店正掌店
23	24	穆弘	没遮拦	马军八骠骑兼先锋使之八领北山关隘守尉主将

【例 4-45】 通过 reindex()方法进行列检索。

In[45]:
```
df.reindex(columns = ['绰号','姓名'])  # columns 不能省
```
Out[45]:

	绰号	姓名
0	及时雨、呼保义、孝义黑三郎	宋江
1	玉麒麟	卢俊义
2	智多星	吴用
...	...	...
106	鼓上蚤	时迁
107	金毛犬	段景住

108 rows × 2 columns

【例 4-46】 通过 reindex()方法进行行列检索。

In[46]:
```
df.reindex(index = [9,99,23],columns = ['绰号','姓名'])
# 这是 reindex()方法常用的一个效果
```
Out[46]:

	绰号	姓名
9	小旋风	柴进
99	小尉迟	孙新
23	没遮拦	穆弘

4.3.5 条件检索

条件检索也称为过滤,最类似于 SQL 语言的 where 子句中的条件,常用的符号及含义如表 4.3 所示。

表 4.3 条件检索中的条件

符 号	含 义	符 号	含 义
==	等于	&	与
!=	不等于	|	或
—	非		

【例 4-47】 查找姓名为"林冲"的那条记录。

In[47]:
  df[df['姓名'] == '林冲']
Out[47]:

	座次	姓名	绰号	梁山泊职位
5	6	林冲	豹子头	马军五虎将之二兼右军大将领正西旱寨守尉主将

【例 4-48】 查找姓名为"林冲"或"李逵"的记录。

In[48]:
  df[(df['姓名'] == '林冲')|(df['姓名'] == '李逵')]
Out[48]:

	座次	姓名	绰号	梁山泊职位
5	6	林冲	豹子头	马军五虎将之二兼右军大将领正西旱寨守尉主将
21	22	李逵	黑旋风	步军十麒麟之五兼横冲营指挥领北山关隘守御副将

【例 4-49】 在文件"mooc 网站 C 语言课程数据.xlsx"中查找"评分"大于 4.5 且"学习人数"大于 500 人的课程信息。

In[49]:
  df5 = pd.read_excel('mooc 网站 C 语言课程数据.xlsx')
  df6 = df5.loc[0:200,['商品名称', '机构名称', '评分', '学习人数']]
  df6[(df6['评分']> 4.5) & (df6['学习人数']> 500)]
Out[49]:

	商品名称	机构名称	评分	学习人数
1	C语言零基础入门【基础教程】	C语言Plus	4.7	36396.0
3	C语言项目开发——扫雷游戏教程	C语言Plus	4.7	887.0
5	C语言入门到精通--VIP课程	C语言Plus	4.6	719.0
...	...	...	...	...
189	老九零基础学编程系列之C语言	老九学堂	5.0	354279.0
190	C语言入门教程	董文磊	4.9	6903.0
191	Web前端H5C3零基础入门	传智播客博学谷	4.7	2619.0

4.3.6 重新检索

重新检索又叫重新索引,用的是 reindex()方法。索引对象是无法进行修改的,重新索引并不是给索引重新命名,而是对索引重新排序,如果某个索引值不存在的话,就会引入缺失值。利用重新索引,也可以实现行、列检索。

【例 4-50】 使用 reindex()方法重新排序。

```
In[50-1]:
        from pandas import Series,DataFrame
        obj = Series([1,-2,3,-4],index = ['b','a','c','d'])
        obj

Out[50-1]:
    b    1
    a   -2
    c    3
    d   -4
    dtype: int64

In[50-2]:
        obj2 = obj.reindex(['a','b','c','d','e'])
        obj2
Out[50-2]:
    a   -2.0
    b    1.0
    c    3.0
    d   -4.0
    e    NaN
    dtype: float64
```

可见,reindex()方法一方面改变了索引的顺序,从 b a 改为 a b;另一方面,对于没有的索引值自动设置为 NaN。

如果需要对插入的缺失值进行填充的话,可以通过 method 参数实现,参数值为 ffill 或者 pad 时为向前填充,参数值为 bfill 或 backfill 时为向后填充。

【例 4-51】 使用 method 参数填充数据。

注意:当索引值是数值型时,是不需要加引号的。

```
In[51-1]:
        obj = Series([1,-2,3,-4],index = [0,2,3,5])    # 索引值为数值型,不用加引号
        obj
Out[51-1]:
    0    1
    2   -2
    3    3
    5   -4
    dtype: int64

In[51-2]:
```

```
            obj2 = obj.reindex(range(6))
            obj2
Out[51-2]:
        0    1.0
        1    NaN
        2   -2.0
        3    3.0
        4    NaN
        5   -4.0
        dtype: float64

In[51-3]:
            obj2 = obj.reindex(range(6),method = 'ffill')
            obj2
Out[51-3]:
        0    1
        1    1
        2   -2
        3    3
        4    3
        5   -4
        dtype: int64
```

method 参数对缺失值进行填充,例 4-51 的索引值 1 和 4 缺失,这里都是向前填充。

【例 4-52】 使用 fill_value 参数填充数据缺失值。

```
In[52]:
        obj3 = obj.reindex(range(6),fill_value = 0)
        obj3
Out[52]:
        0    1
        1    0
        2   -2
        3    3
        4    0
        5   -4
        dtype: int64
```

4.3.7 更换检索

更换检索又叫更换索引,用 set_index() 方法和 reset_index() 方法。注意:这两个并不是成对出现的,当使用 reset_index() 方法时,索引会重新排列为 0 到 n−1。

首先,在 Excel 中新建一个数据文件,然后打开如下:

	city	name	sex	year
0	北京	张三	female	2001
1	上海	李四	female	2001
2	广州	王五	male	2003
3	北京	小明	male	2002

这是一组明显的 DataFrame。其中, index=[0,1,2,3]; columns= ['city', 'name', 'sex', 'year']。

【例 4-53】 更换索引值。

```
In[53]:
    df2 = df.set_index('name')
    df2
Out[53]:
```

	city	sex	year
name			
张三	北京	female	2001
李四	上海	female	2001
王五	广州	male	2003
小明	北京	male	2002

可见, name 列变为索引值。

【例 4-54】 重置索引。

```
In[54]:
    df3 = df2.reset_index()
    df3
Out[54]:
```

	name	city	sex	year
0	张三	北京	female	2001
1	李四	上海	female	2001
2	王五	广州	male	2003
3	小明	北京	male	2002

索引被重置为 0 到 n-1。

【例 4-55】 排序后重置索引。

```
In[55-1]:
    from pandas import Series,DataFrame
    data = {'name':['张三','李四','王五','小明'],
            'grade':[68,78,63,92]}
    df = DataFrame(data)
    df
Out[55-1]:
```

	grade	name
0	68	张三
1	78	李四
2	63	王五
3	92	小明

```
In[55-2]:
    df2 = df.sort_values(by = 'grade')  # 注意排序后,索引也紧接着排序
    df2
```

Out[55 - 2]:

	grade	name
2	63	王五
0	68	张三
1	78	李四
3	92	小明

In[55 - 3]:
```
df3 = df2.reset_index()
df3
```
Out[55 - 3]:

	index	grade	name
0	2	63	王五
1	0	68	张三
2	1	78	李四
3	3	92	小明

In[55 - 4]:
```
df4 = df2.reset_index(drop = True)
df4
```
Out[55 - 4]:

	grade	name
0	63	王五
1	68	张三
2	78	李四
3	92	小明

注意：默认情况下，drop＝False，是不去掉原索引值的。若去掉原索引值，则要设置drop＝True。

4.4 Pandas 数据运算

4.4.1 算术运算

Pandas 的数据对象在进行算术运算时，如果有相同索引则进行算术运算；如果没有则进行数据对齐，但会引入缺失值。

【例 4-56】 Series 相加，索引值相同。

In[56]:
```
s1 = pd.Series([1,2,3,4,5],index = ['a','b','c','d','e'])
s2 = pd.Series([11,12,13,14,15],index = ['a','b','c','d','e'])
print(s1)
print(s2)
print(s1 + s2)
```
Out[56]:
```
a    1
b    2
```

```
c    3
d    4
e    5
dtype: int64
a    11
b    12
c    13
d    14
e    15
dtype: int64
a    12
b    14
c    16
d    18
e    20
dtype: int64
```

【例 4-57】 Series 相加,索引值不同。

```
In[57]:
    s1 = pd.Series([1,2,3,4,5,6],index = ['a','b','c','d','e','f'])
    s2 = pd.Series([11,12,13,14,15],index = ['a','b','c','d','e'])
    print(s1)
    print(s2)
    print(s1 + s2)
    print(s1 * s2)
Out[57]:
    a    1
    b    2
    c    3
    d    4
    e    5
    f    6
    dtype: int64
    a    11
    b    12
    c    13
    d    14
    e    15
    dtype: int64
    a    12.0
    b    14.0
    c    16.0
    d    18.0
    e    20.0
    f     NaN
    dtype: float64
    a    11.0
    b    24.0
    c    39.0
    d    56.0
```

```
e    75.0
f     NaN
dtype: float64
```

如例 4-57 所示,当索引值不同时,不同的值默认为 NaN。

【例 4-58】 DataFrame 类型的数据相加。

```
In[58-1]:
    df1 = pd.DataFrame(np.arange(9).reshape(3,3),index = ['宋江','李逵','武松'],columns = ['语文','数学','英语'])
    print(df1)
    df2 = pd.DataFrame(np.arange(9).reshape(3,3),index = ['宋江','李逵','武松'],columns = ['语文','数学','物理'])
    print(df2)
    print(df1 + df2)
Out[58-1]:
       语文  数学  英语
    宋江   0   1   2
    李逵   3   4   5
    武松   6   7   8
       语文  数学  物理
    宋江   0   1   2
    李逵   3   4   5
    武松   6   7   8
        数学  物理  英语  语文
    宋江   2  NaN  NaN   0
    李逵   8  NaN  NaN   6
    武松  14  NaN  NaN  12
In[58-2]:
    df1.add(df2,fill_value = 0)
Out[58-2]:
```

	数学	物理	英语	语文
宋江	2	4.0	4.0	0
李逵	8	7.0	7.0	6
武松	14	10.0	10.0	12

把没有索引值的列设为 0 或者其他数均可。加法计算为 add()方法,其他计算包括减法 sub()方法、乘法 mul()方法、除法 div()方法。

```
In[58-3]:
    # 计算总成绩
    df1['总成绩'] = df1['语文'] + df1['数学'] + df1['英语']
    print(df1)
Out[58-3]:
       语文  数学  英语  总成绩
    宋江   0   1   2    3
    李逵   3   4   5   12
    武松   6   7   8   21
```

4.4.2 排序

1. Series 中的排序

Series 中,通过 sort_index()方法对索引进行排序,默认为升序,降序排列时需要将参数 ascending=False。用 sort_values()方法对数值进行排序。

【例 4-59】 Series 的索引排序。

```
In[59]:
    import pandas as pd
    s1 = pd.Series([1,-2,4,-4],index=['c','b','a','d'])
    print(s1)
    print('排序后的 Series:\n',s1.sort_index())
Out[59]:
    c    1
    b   -2
    a    4
    d   -4
    dtype: int64
    排序后的 Series:
    a    4
    b   -2
    c    1
    d   -4
    dtype: int64
```

【例 4-60】 Series 的值排序。

```
In[60]:
    print('值排序后的 Series:\n',s1.sort_values())
Out[60]:
    值排序后的 Series:
    d   -4
    b   -2
    c    1
    a    4
    dtype: int64
```

2. DataFrame 的排序

对于 DataFrame 的排序,需要指定轴的方向,sort_index()索引排序默认 axis=0, ascending=True。sort_values()方法进行值排序,需要把列名传给 by 参数。

【例 4-61】 DataFrame 的行索引排序。

以例 4-58 中的 DataFrame 为例,这里的索引是中文,不能看出排序规律。

	数学	物理	英语	语文
宋江	2	4.0	4.0	0
李逵	8	7.0	7.0	6
武松	14	10.0	10.0	12

为了更明显地看出排序输出,先用 rename()函数将中文输出改为拼音输出再排序。

In[61-1]:
```
import pandas as pd
df1.rename(index={'宋江':'songjiang','李逵':'likui','武松':'wusong'},inplace=True)
df1
```
Out[61-1]:

	语文	数学	英语	总成绩
songjiang	0	1	2	3
likui	3	4	5	12
wusong	6	7	8	21

In[61-2]:
```
# 根据行索引进行排序
df1.sort_index()          # 默认按行升序排,默认 axis=0
```
Out[61-2]:

	语文	数学	英语	总成绩
likui	3	4	5	12
songjiang	0	1	2	3
wusong	6	7	8	21

In[61-3]:
```
df1.sort_index(ascending=False)    # 降序
```
Out[61-3]:

	语文	数学	英语	总成绩
wusong	6	7	8	21
songjiang	0	1	2	3
likui	3	4	5	12

【例 4-62】 DataFrame 的列索引排序。

In[62-1]:
```
df1.rename(columns={'语文':'Chinese','数学':'Math','英语':'English','总成绩':'total'},inplace=True)
df1
```
Out[62-1]:

	Chinese	Math	English	total
songjiang	0	1	2	3
likui	3	4	5	12
wusong	6	7	8	21

In[62-2]:
```
# 按列索引
df1.sort_index(axis=1)
```
Out[62-2]:

	Chinese	English	Math	total
songjiang	0	2	1	3
likui	3	5	4	12
wusong	6	8	7	21

In[62 - 3]:
```
df1.sort_index(axis = 1,ascending = False)
```
Out[62 - 3]:

	total	Math	English	Chinese
songjiang	3	1	2	0
likui	12	4	5	3
wusong	21	7	8	6

【例 4-63】 DataFrame 的值的排序。

In[63 - 1]:
```
# 按照总成绩排序
df1.sort_values(by = 'total',ascending = False)
```
Out[63 - 1]:

	Chinese	Math	English	total
wusong	6	7	8	21
likui	3	4	5	12
songjiang	0	1	2	3

In[63 - 2]:
```
# 按照先数学,后英语的顺序进行降序排列
df1.sort_values(by = ['Math','English'],ascending = False)
```
Out[63 - 2]:

	Chinese	Math	English	total
wusong	6	7	8	21
likui	3	4	5	12
songjiang	0	1	2	3

4.4.3 函数应用和映射

在数据分析时,经常会对数据进行较为复杂的运算,此时除了使用一些通用函数外,还可以自定义函数。同时,已经定义的函数也可以应用到 Pandas 中,有 3 种方法可以实现。

(1) map()函数:将函数套用到 Series 的每个元素中。

(2) apply()函数:将函数套用到 DataFrame 的行与列上,行与列通过 axis 参数设置。

(3) applymap()函数:将函数套用到 DataFrame 的每个元素上。

1. NumPy 通用函数的使用

【例 4-64】 NumPy 通用函数的使用。

首先,建立 Excel 文件"例子.xlsx",再读入。

In[64 - 1]:
```
df3 = pd.read_excel('例子.xlsx')
df3
```
Out[64 - 1]:

	Math	English	Chinese
张三	100	70	99
李四	100	89	99
王五	89	79	98
赵六	77	90	90

```
In[64-2]:
    np.sum(df3,axis = 0)
Out[64-2]:
    Math       366
    English    328
    Chinese    386
    dtype: int64

In[64-3]:
    np.sum(df3,axis = 1)
Out[64-3]:
    张三    269
    李四    288
    王五    266
    赵六    257
    dtype: int64

In[64-4]:
    df3.min()
Out[64-4]:
    Math       77
    English    70
    Chinese    90
    dtype: int64

In[64-5]:
    df3.max()
Out[64-5]:
    Math       100
    English    90
    Chinese    99
    dtype: int64
```

注意：单说 axis＝0 代表行，在运算时代表跨行运算，表现为列的运算；单说 axis＝1 代表列，在运算时代表跨列运算，表现为行的运算。

2. 自定义函数

【例 4-65】 自定义函数的使用。

```
In[65]:
    def text(df):
        return df.max() - df.min()
    text(df3)
Out[65]:
```

111

```
Math      23
English   20
Chinese    9
dtype: int64
```

3. 函数的映射

【例 4-66】 apply()函数的使用。

```
In[66]:
    df3.apply(lambda x:x.max() - x.min())
Out[66]:
    Math      23
    English   20
    Chinese    9
    dtype: int64
```

【例 4-67】 自定义函数和 apply()函数的综合应用。

```
In[67]:
    def total(df):
        df['总分'] = df['Chinese'] + df['Math'] + df['English']
        return df
    df3.apply(total,axis = 1)
Out[67]:
```

	Math	English	Chinese	总分
张三	100	70	99	269
李四	100	89	99	288
王五	89	79	98	266
赵六	77	90	90	257

【例 4-68】 map()函数的应用:将水果价格表中的"元"去掉。

```
In[68]:
    data = {'fruit':['apple','grape','banana'],'price':['30元','43元','28元']}
    df1 = pd.DataFrame(data)
    print(df1)
    def f(x):
        return x.split('元')[0]
    df1['price'] = df1['price'].map(f)
    print('修改后的数据表:\n',df1)
Out[68]:
        fruit  price
    0   apple   30元
    1   grape   43元
    2  banana   28元
    修改后的数据表:
        fruit  price
    0   apple   30
    1   grape   43
    2  banana   28
```

【例 4-69】 applymap()函数的应用。

```
In[69]:
    df2 = pd.DataFrame(np.random.randn(3,3),columns = ['a','b','c'],
    index = ['app','win','mac'])
    print(df2)
    df2.applymap(lambda x:'%.3f'% x)
```

Out[69]:

```
            a          b          c
app   1.335950   1.134347   1.204148
win  -1.081613   2.061766   1.567281
mac  -0.517005   2.669968   0.286066
```

	a	b	c
app	1.336	1.134	1.204
win	-1.082	2.062	1.567
mac	-0.517	2.670	0.286

4.4.4 统计方法

描述性统计是用来概括、表述事物整体状况以及事务间关联、属性关系的统计方法。通过一组统计值可以描述一组数据的集中趋势和离散程度等分布状态。

使用 describe()方法可以对每个数值型列进行统计,通常在对数据的初步观察时使用。

【例 4-70】 数值型数据的描述统计。

```
In[70-1]:
    df1 = pd.DataFrame(np.arange(9).reshape(3,3),index = ['宋江','李逵','武松'],columns =
    ['语文','数学','英语'])
    print(df1)
Out[70-1]:
      语文  数学  英语
宋江    0    1    2
李逵    3    4    5
武松    6    7    8
In[70-2]:
    df1.describe()
Out[70-2]:
```

	语文	数学	英语
count	3.0	3.0	3.0
mean	3.0	4.0	5.0
std	3.0	3.0	3.0
min	0.0	1.0	2.0
25%	1.5	2.5	3.5
50%	3.0	4.0	5.0
75%	4.5	5.5	6.5
max	6.0	7.0	8.0

【例 4-71】 文本型数据的描述统计。

```
In[71]:
    data = {'name':['andy','jack'],'age':['18','20']}
    df = pd.DataFrame(data)
    print(df)
    print(df.describe())Out[71]:
       age  name
    0  18   andy
    1  20   jack
           age  name
    count   2    2
    unique  2    2
    top     20  andy
    freq    1    1
```

【例 4-72】 数值、文本混合型数据的描述统计。

```
In[72]:
    data = {'name':['andy','jack'],'age':[18,20]}
    df = pd.DataFrame(data)
    print(df)
    print(df.describe())
Out[72]:
       age  name
    0  18   andy
    1  20   jack
                 age
    count   2.000000
    mean   19.000000
    std     1.414214
    min    18.000000
    25%    18.500000
    50%    19.000000
    75%    19.500000
    max    20.000000
```

Pandas 库中,常用的描述性统计量如表 4.4 所示。

表 4.4 Pandas 中常用的描述性统计量

方 法 名 称	说 明	方 法 名 称	说 明
min	最小值	max	最大值
mean	均值	ptp	极差
median	中位数	std	标准差
var	方差	cov	协方差
sem	标准误差	mode	众数
skew	样本偏度	kurt	样本峰度
quantile	四分位数	count	非空值数目
describe	描述统计	mad	平均绝对离差

对于类别型特征的描述性统计,可以使用频数统计表。Pandas 库中通过 unique() 方法获取不重复的数组,使用 value_counts() 方法实现频数的统计。

【例 4-73】 数据的频数统计。

```
In[73]:
    obj = pd.Series(['a','b','c','a','d','c'])
    print(obj.unique())
    print(obj.value_counts())
Out[73]:
    ['a' 'b' 'c' 'd']
    a    2
    c    2
    d    1
    b    1
    dtype: int64
```

4.5 Pandas 处理缺失值

数据一般是不完整、有噪声和不一致的。在数据分析中,数据清洗是很重要的一步。数据清洗试图填充缺失的数据值、光滑噪声、识别离群点,并纠正数据中的不一致。可见,数据清洗中,有大部分工作需要对缺失值进行处理。具体可分为缺失值的查找、删除和填充。

4.5.1 查找缺失值

查找缺失值用的是 isnull()函数、notnull()函数,也可以用 info()函数直接查找。
假设,现在有数据 df1,其值如下:

	语文	数学	英语
宋江	0	1	NaN
李逵	3	4	5.0
武松	6	7	8.0

【例 4-74】 用 isnull()函数查找缺失值。

```
In[74]:
    df1.isnull()
Out[74]:
```

	语文	数学	英语
宋江	False	False	True
李逵	False	False	False
武松	False	False	False

可见,宋江的英语有缺失值,所以显示为 True。

【例 4-75】 用 notnull()函数查找缺失值。

```
In[75]:
    df1.notnull()
Out[75]:
```

	语文	数学	英语
宋江	True	True	False
李逵	True	True	True
武松	True	True	True

可见，notnull()函数和isnull()函数的显示正好相反。

【例4-76】 用info()函数查找缺失值。

```
In[76]:
    df1.info()
Out[76]:
    <class 'pandas.core.frame.DataFrame'>
    Index: 3 entries, 宋江 to 武松
    Data columns (total 3 columns):
    语文    3 non-null int32
    数学    3 non-null int32
    英语    2 non-null float64
    dtypes: float64(1), int32(2)
    memory usage: 152.0+ bytes
```

可见，用info()函数可以很明显地看出有哪一列存在缺失值。

一旦查出有缺失值，下一步的处理就是要么删除，要么填充。

4.5.2 删除缺失值

在缺失值的处理方法中，删除缺失值是最常用的方法之一。通过dropna()方法可以删除具有缺失值的行或者列。

dropna()方法的格式如下：

dropna(axis = 0, how = 'any', thresh = None, subset = None, inplace = False)

dropna()方法的参数及其使用说明如表4.5所示。

表4.5 dropna()方法的参数及其使用说明

参数名称	使用说明
axis	默认为axis=0，当某行出现缺失值时，将该行丢弃并返回；当axis=1，当某列出现缺失值时，将该列丢弃
how	表示删除的形式，默认值为any。any表示只要有缺失值存在就执行删除操作；all表示当且仅当全部为缺失值时执行删除操作
thresh	阈值设定。当行列中非空值的数量少于给定的值就将该行丢弃
subset	表示进行去重的列／行，如subset=['a','d']，即丢弃子列 a d 中含缺失值的行
inplace	布尔值，默认False。当inplace=True，即对原数据操作，无返回值

【例4-77】 删除有缺失值的行。

```
In[77]:
    df1.dropna()
Out[77]:
```

	语文	数学	英语
李逵	3.0	4.0	5.0
武松	6.0	7.0	8.0

【例 4-78】 删除有缺失值的列。

```
In[78]:
    df1.dropna(axis = 1)
Out[78]:
```

	语文	数学
宋江	0	1
李逵	3	4
武松	6	7

【例 4-79】 删除全部为 NaN 的行或者列。

```
In[79-1]:
    df1.loc['吴用'] = [np.nan,np.nan,np.nan]
    df1
Out[79-1]:
```

	语文	数学	英语
宋江	0.0	1.0	NaN
李逵	3.0	4.0	5.0
武松	6.0	7.0	8.0
吴用	NaN	NaN	NaN

```
In[79-2]:
    df1.dropna(how = 'all',inplace = True)
    df1
Out[79-2]:
```

	语文	数学	英语
宋江	0.0	1.0	NaN
李逵	3.0	4.0	5.0
武松	6.0	7.0	8.0

【例 4-80】 dropna()方法中 thresh 参数的应用。

thresh 参数的使用，当传入 thresh＝N 时，表示要求一行至少具有 N 个非 NaN 才能运行成功。

```
In[80]:
    df = pd.DataFrame(np.random.randn(7, 3))
    df.iloc[:4, 1] = np.nan
    df.iloc[:2, 2] = np.nan
    print(df)
    df.dropna(thresh = 2)
Out[80]:
```

```
          0         1         2
0   0.153874       NaN       NaN
1  -1.211723       NaN       NaN
2  -0.182378       NaN -1.370618
3   0.404288       NaN -0.145715
4   1.360707  1.252008 -0.399060
5  -0.094272 -0.331650 -1.083678
6  -1.024632  1.592844 -0.681375
```

	0	1	2
2	-0.182378	NaN	-1.370618
3	0.404288	NaN	-0.145715
4	1.360707	1.252008	-0.399060
5	-0.094272	-0.331650	-1.083678
6	-1.024632	1.592844	-0.681375

4.5.3 填充缺失值

直接删除有缺失值的样本并不是一个很好的方法，还可以用一个特定的值替换缺失值。缺失值所在的特征为数值型时，通常使用其均值、中位数和众数等描述其集中趋势的统计量来填充；缺失值所在特征为类别型数据时，则选择众数来填充。Pandas 库中提供的缺失值替换的方法为 fillna()。

fillna()方法的语法格式如下：

```
DataFrame.fillna(value = None, method = None, axis = None, inplace = False, limit = None)
```

fillna()方法的参数及说明如表 4.6 所示。

表 4.6　fillna 参数及其说明

参 数 名 称	参 数 说 明
value	用于填充缺失值的标量值或字典对象
method	插值方式
axis	待填充的轴，默认为 axis＝0
inplace	修改调用者对象而不产生副本
limit	可以连续填充的最大数量（对于前向和后向填充）

通过一个常数调用 fillna()就会将其缺失值替换为那个常数，如 df.fillna(0)就用零代替缺失值；也可以用一个字典调用 fillna()，就可以实现对不同的列填充不同的值。

【例 4-81】用常数填充。

```
In[81]:
        df1.fillna(0,inplace = True)
        df1
Out[81]:
```

	语文	数学	英语
宋江	0.0	1.0	0.0
李逵	3.0	4.0	5.0
武松	6.0	7.0	8.0

【例 4-82】 用均值填充。

```
In[82-1]:
    df1['物理'] = [np.nan,8,9]
    df1
Out[82-1]:
```

	语文	数学	英语	物理
宋江	0.0	1.0	0.0	NaN
李逵	3.0	4.0	5.0	8.0
武松	6.0	7.0	8.0	9.0

```
In[82-2]:
    df1.fillna(df1.mean(),inplace = True)
    df1
Out[82-2]:
```

	语文	数学	英语	物理
宋江	0.0	1.0	0.0	8.5
李逵	3.0	4.0	5.0	8.0
武松	6.0	7.0	8.0	9.0

【例 4-83】 用字典填充。

```
In[83]:
    df = pd.DataFrame(np.random.randn(5,3))
    df.loc[:3,1] = np.nan
    df.loc[:2,2] = np.nan
    print(df)
    df.fillna({1:0.88,2:0.66})
Out[83]:
              0         1         2
    0 -1.144315       NaN       NaN
    1  0.587330       NaN       NaN
    2 -0.399813       NaN       NaN
    3 -1.736082       NaN -0.917512
    4 -2.406200 -0.502235 -0.475708
```

	0	1	2
0	-1.144315	0.880000	0.660000
1	0.587330	0.880000	0.660000
2	-0.399813	0.880000	0.660000
3	-1.736082	0.880000	-0.917512
4	-2.406200	-0.502235	-0.475708

【例 4-84】 fillna()方法中的 method 参数的应用。

```
In[84]:
    df = pd.DataFrame(np.random.randn(6, 3))
    df.iloc[2:, 1] = np.nan
    df.iloc[4:, 2] = np.nan
```

```
        print(df)
        df.fillna(method = 'ffill')
Out[84]:
                0         1         2
        0  1.112970 -0.075406  0.164753
        1 -0.694408  0.457534  0.755915
        2  0.380488       NaN  0.033264
        3  0.678528       NaN -1.200470
        4 -0.518782       NaN       NaN
        5 -1.560181       NaN       NaN
```

	0	1	2
0	1.112970	-0.075406	0.164753
1	-0.694408	0.457534	0.755915
2	0.380488	0.457534	0.033264
3	0.678528	0.457534	-1.200470
4	-0.518782	0.457534	-1.200470
5	-1.560181	0.457534	-1.200470

4.6 数据载入与输出

对于数据分析而言，数据大部分来源于外部数据，常用的外部数据有 CSV 文件、Excel 文件和数据库文件等。Pandas 库将外部数据转换为 DataFrame 数据格式，处理完成后可再存储到相应的外部文件中。

4.6.1 读/写文本文件

1. 文本文件读取

文本文件是一种由若干行字符构成的计算机文件，它是一种典型的顺序文件。CSV（comma separated values，逗号分隔值）是一种以逗号为分隔的文件格式，文件以纯文本的形式存储表格数据（数字和文本）。因为其分隔符不一定是逗号，所以又被称为字符分隔文件。

Pandas 库提供了将表格型数据读取为 DataFrame 数据结构的函数。在现实应用中，常用的函数有 read_csv()和 read_tabel()，二者都是从文件中加载带分隔符的数据，但 read_csv()函数默认分隔符为逗号，read_tabel()函数默认分隔符为制表符。

read_table 函数读取文本文件格式如下：

```
pandas.read_table(filepath_or_buffer, sep = '\t', header = 'infer', names = None, index_col = None, dtype = None, engine = None, nrows = None)
```

read_csv 函数读取 CSV 文件格式如下：

```
pandas.read_csv(filepath_or_buffer, sep = ',', header = 'infer', names = None, index_col = None, dtype = None, engine = None, nrows = None)
```

read_table()函数和 read_csv()函数的常用参数及其说明如表 4.7 所示。

表 4.7 read_table()函数和 read_csv()函数的常用参数及其说明

参 数 名 称	参 数 说 明
filepath	接收 string,代表文件路径,无默认
sep	接收 string,代表分隔符。read_csv()函数默认为",",read_table()函数默认为制表符"\t"。如果分隔符指定错误,则在读取数据时,每行数据将连成一片
header	接收 int 或 sequence,表示将某行数据作为列名,默认为 infer,表示自动识别
names	接收 array,表示列名,默认为 None
index_col	接收 int 或 sequence,表示索引列的位置,取值为 sequence 则代表多重索引,默认为 None
dtype	接收 dict,代表写入的数据类型(列名为 key,数据格式为 values),默认为 None
engine	接收 C 语言程序或者 Python 语言程序,代表数据解析引擎,默认为 C 语言程序
nrows	接收 int,表示读取前 n 行,默认为 None

【例 4-85】 读取 CSV 文件。

```
In[85]:
    df1 = pd.read_csv("data//sunspots.csv")
        #读取 CSV 文件到 DataFrame 中
    print(df1.sample(5))
    df2 = pd.read_table("data//sunspots.csv",sep = ",")
        #使用 read_table()函数,并指定分隔符
    print("------------------")
    print(df2.sample(5))
    df3 = pd.read_csv("data//sunspots.csv",names = ["a","b"])
        #文件不包含表头行,允许自动分配默认列名,也可以指定列名
    print("------------------")
    print(df3.sample(5))
Out[85]:
         year  counts
    28   1728   103.0
    6    1706    29.0
    59   1759    54.0
    178  1878     3.4
    34   1734    16.0
    ------------------
         year  counts
    161  1861    77.2
    71   1771    81.6
    129  1829    67.0
    235  1935    36.1
    280  1980   154.7
    ------------------
            a      b
    174  1873   66.2
    79   1778  154.4
    15   1714     11
    29   1728    103
    130  1829     67
```

2. 文本文件的存储

文本文件的存储和读取类似,结构化数据可以通过 Pandas 库中的 to_csv()函数实现以 CSV 文件格式存储文件。

```
DataFrame.to_csv(path_or_buf = None, sep = ',', na_rep = '', columns = None, header = True,
index = True, index_label = None, mode = 'w', encoding = None)
```

4.6.2 读/写 Excel 文件

1. Excel 文件的读取

Pandas 库提供了 read_excel() 函数读取 xls 和 xlsx 两种 Excel 文件,其格式如下:

```
pandas.read_excel(io, sheetname, header = 0, index_col = None, names = None, dtype)
```

read_excel() 函数的参数说明如表 4.8 所示。

表 4.8 read_excel() 函数的参数说明

参 数 名 称	参 数 说 明
io	接收 string,表示文件路径,无默认
sheetname	接收 string、int,代表 Excel 表内数据的分表位置,默认为 0
header	接收 int 或 sequence,表示将某行数据作为列名,默认为 infer,表示自动识别
names	接收 array,表示列名,默认为 None
index_col	接收 int 或 sequence,表示索引列的位置,取值为 sequence 则代表多重索引,默认为 None
dtype	接收 dict,代表写入的数据类型(列名为 key,数据格式为 values),默认为 None

【例 4-86】 读取 Excel 文件。

```
In[86]:
    xlsx = "data//data_test.xlsx"
    df1 = pd.read_excel(xlsx,"Sheet1")
    print(df1)
    #也可以直接利用如下代码:
    df2 = pd.read_excel("data//data_test.xlsx","Sheet1")
    print(" -------------------------------- ")
    print(df2)
Out[86]:
       00101  长裤  黑色   89
    0   1123  上衣  红色  129
    1   1010  鞋子  蓝色  150
    2    100  内衣  灰色  100
    --------------------------------
       00101  长裤  黑色   89
    0   1123  上衣  红色  129
    1   1010  鞋子  蓝色  150
    2    100  内衣  灰色  100
```

2. Excel 文件的存储

将文件存储为 Excel 文件,可以使用 to_excel() 函数。其语法格式如下:

```
DataFrame.to_excel(excel_writer = None, sheetname = None, na_rep = '', header = True, index =
True, index_label = None, mode = 'w', encoding = None)
```

to.excel()函数的常用参数与 to_csv()函数基本一致,区别之处在于指定存储文件的文件路径参数 excel_writer,增加了一个 sheetnames 参数,用来指定存储的 Excel sheet 的名称,默认为 sheet1。

4.7 数据聚合与分组

在实际的数据分析中,数据来源可能有多个,因此,需要对数据进行合并处理。类似于数据库中的多表连接。

4.7.1 merge 数据合并

merge()函数是通过一个或多个键将两个 DataFrame 按行合并起来的,与 SQL 中的 join 用法类似,Pandas 库中的数据合并函数 merge()格式如下:

```
merge(left, right, how = 'inner', on = None, left_on = None, right_on = None, left_index = False,
right_index = False, sort = False, suffixes = ('_x', '_y'), copy = True, indicator = False,
validate = None)
```

merge()函数的主要参数及说明如表 4.9 所示。

表 4.9　merge()函数的主要参数及说明

参 数 名 称	使 用 说 明
left	参与合并的左侧 DataFrame
right	参与合并的右侧 DataFrame
how	连接方法:inner、left、right 和 outer
on	用于连接的列名
left_on	左侧 DataFrame 中用于连接键的列
right_on	右侧 DataFrame 中用于连接键的列
left_index	左侧 DataFrame 中行索引作为连接键
right_index	右侧 DataFrame 中行索引作为连接键
sort	合并后会对数据排序,默认为 True
suffixes	修改重复名

1. inner 连接

内连接(inner 连接)是 merge()函数默认的连接方式,类似数据库中的自然连接。当不指定连接的属性名时,则同名属性进行合并连接。

【例 4-87】 有同名属性的内连接。

```
In[87 - 1]:
    zoo = pd.read_csv('Data/zoo.csv')
    zoo
Out[87 - 1]:
```

	animal	uniq_id	water_need
0	elephant	1001	500
1	elephant	1002	600
2	elephant	1003	550
...	...	...	...

	animal			
18	lion	1019		390
19	kangaroo	1020		410
20	kangaroo	1021		430
21	kangaroo	1022		410

In[87 - 2]:
```
zoo_eat = pd.read_csv('Data/zoo_eat.csv')
zoo_eat
```
Out[87 - 2]:

	animal	food
0	elephant	vegetables
1	tiger	meat
2	kangaroo	vegetables
3	zebra	vegetables
4	giraffe	vegetables

In[87 - 3]:
```
pd.merge(zoo,zoo_eat)
# 默认进行自然连接,也就是根据列名一样求数据的交集,即 inner 连接
```
Out[87 - 3]:

	animal	uniq_id	water_need	food
0	elephant	1001	500	vegetables
1	elephant	1002	600	vegetables
2	elephant	1003	550	vegetables
3	tiger	1004	300	meat
4	tiger	1005	320	meat
...	...	...	...	...
15	kangaroo	1020	410	vegetables
16	kangaroo	1021	430	vegetables
17	kangaroo	1022	410	vegetables

以上连接的结果等同于 pd.merge(zoo,zoo_eat,on='animal',how='inner')。

【例 4-88】 指定列名的内连接。

In[88 - 1]:
```
zoo_eat = pd.read_csv('Data/zoo_eat.csv')
zoo_eat.columns = ['animals','food']  # 列名变得不同
zoo_eat
```
Out[88 - 1]:

	animals	food
0	elephant	vegetables
1	tiger	meat
2	kangaroo	vegetables
3	zebra	vegetables
4	giraffe	vegetables

此时,若直接用 pd.merge(zoo,zoo_eat)进行连接,则因为没有公共属性名会报错。

In[88-2]:
  pd.merge(zoo,zoo_eat,left_on = 'animal',right_on = 'animals',how = 'inner')
Out[88-2]:

	animal	uniq_id	water_need	animals	food
0	elephant	1001	500	elephant	vegetables
1	elephant	1002	600	elephant	vegetables
2	elephant	1003	550	elephant	vegetables
...	...	...	...	...	...
15	kangaroo	1020	410	kangaroo	vegetables
16	kangaroo	1021	430	kangaroo	vegetables
17	kangaroo	1022	410	kangaroo	vegetables

2. 外连接

【例4-89】 外连接并设置填充值。

In[89-1]:
  pd.merge(zoo,zoo_eat,left_on = 'animal',right_on = 'animals',how = 'outer')
Out[89-1]:

	animal	uniq_id	water_need	animals	food
0	elephant	1001.0	500.0	elephant	vegetables
1	elephant	1002.0	600.0	elephant	vegetables
...	...	...	...	...	...
15	lion	1016.0	420.0	NaN	NaN
16	lion	1017.0	600.0	NaN	NaN
17	lion	1018.0	500.0	NaN	NaN
18	lion	1019.0	390.0	NaN	NaN
19	kangaroo	1020.0	410.0	kangaroo	vegetables
20	kangaroo	1021.0	430.0	kangaroo	vegetables
21	kangaroo	1022.0	410.0	kangaroo	vegetables
22	NaN	NaN	NaN	giraffe	vegetables

In[89-2]: # 设置填充值
  pd.merge(zoo,zoo_eat,left_on = 'animal',right_on = 'animals',how = 'outer').fillna('unknows')
Out[89-2]:

	animal	uniq_id	water_need	animals	food
0	elephant	1001	500	elephant	vegetables
1	elephant	1002	600	elephant	vegetables
...	...	...	...	...	...
15	lion	1016	420	unknows	unknows
16	lion	1017	600	unknows	unknows
17	lion	1018	500	unknows	unknows

	animal	uniq_id	water_need	animals	food
18	lion	1019	390	unknows	unknows
19	kangaroo	1020	410	kangaroo	vegetables
20	kangaroo	1021	430	kangaroo	vegetables
21	kangaroo	1022	410	kangaroo	vegetables
22	unknows	unknows	unknows	giraffe	vegetables

【例 4-90】 左外连接。

In[90]:
　　pd.merge(zoo,zoo_eat,left_on = 'animal',right_on = 'animals',how = 'left')
Out[90]:

	animal	uniq_id	water_need	animals	food
0	elephant	1001	500	elephant	vegetables
1	elephant	1002	600	elephant	vegetables
...	...	...	...	...	...
15	lion	1016	420	NaN	NaN
16	lion	1017	600	NaN	NaN
17	lion	1018	500	NaN	NaN
18	lion	1019	390	NaN	NaN
19	kangaroo	1020	410	kangaroo	vegetables
20	kangaroo	1021	430	kangaroo	vegetables
21	kangaroo	1022	410	kangaroo	vegetables

【例 4-91】 右外连接。

In[91]:
　　pd.merge(zoo,zoo_eat,left_on = 'animal',right_on = 'animals',how = 'right')
Out[91]:

	animal	uniq_id	water_need	animals	food
0	elephant	1001.0	500.0	elephant	vegetables
1	elephant	1002.0	600.0	elephant	vegetables
...	...	...	...	...	...
17	kangaroo	1022.0	410.0	kangaroo	vegetables
18	NaN	NaN	NaN	giraffe	vegetables

3．多键值的合并连接

【例 4-92】 多键值合并。

In[92]:
import pandas as pd
left = pd.DataFrame({'key1':['one','one','two'],'key2':['a','b','a'],'value1':range(3)})
right = pd.DataFrame({'key1':['one','one','two','two'],'key2':['a','a','a','b'],'value2':range(4)})
print(left,right,pd.merge(left,right,on = ['key1','key2'],how = 'left'))
display(left,right,pd.merge(left,right,on = ['key1','key2'],how = 'left'))
Out[92]:

	key1	key2	value1
0	one	a	0
1	one	b	1
2	two	a	2

	key1	key2	value2
0	one	a	0
1	one	a	1
2	two	a	2
3	two	b	3

	key1	key2	value1	value2
0	one	a	0	0.0
1	one	a	0	1.0
2	one	b	1	NaN
3	two	a	2	2.0

4.7.2 concat 轴向连接

如果要合并的 DataFrame 之间没有连接键，就无法使用 merge() 函数，可以使用 Pandas 库中的 concat() 函数，默认情况下会按行的方向堆叠数据；如果在列向上进行连接，则设置 axis＝1 即可。

【例 4-93】 Series 的数据连接。

```
In[93]:
    s1 = pd.Series([0,1],index = ['a','b'])
    s2 = pd.Series([2,3,4],index = ['a','d','e'])
    s3 = pd.Series([5,6],index = ['f','g'])
    print(pd.concat([s1,s2,s3]))  #Series 行合并
Out[93]:
    a    0
    b    1
    a    2
    d    3
    e    4
    f    5
    g    6
    dtype: int64
```

【例 4-94】 DataFrame 的数据连接。

```
In[94-1]:
    zoo1 = pd.read_csv('Data/zoo1.csv')
    zoo1
Out[94-1]:
```

	animal	uniq_id	water_need
0	elephant	1001	500
1	elephant	1002	600
2	elephant	1003	550

	animal	uniq_id	water_need
3	tiger	1004	300
4	tiger	1005	320
5	tiger	1006	330
6	tiger	1007	290
7	tiger	1008	310
8	zebra	1009	200
9	zebra	1010	220
10	zebra	1011	240
11	zebra	1012	230
12	zebra	1013	220
13	zebra	1014	100
14	zebra	1015	80

In[94-2]:
```
zoo2 = pd.read_csv('Data/zoo2.csv')
zoo2
```
Out[94-2]:

	animal	uniq_id	water_need
0	lion	1016	420
1	lion	1017	600
2	lion	1018	500
3	lion	1019	390
4	kangaroo	1020	410
5	kangaroo	1021	430
6	kangaroo	1022	410

In[94-3]:
```
zoo = pd.concat([zoo1,zoo2])
# 相同列的数据被合并,默认 axis = 0
zoo
```
Out[94-3]:

	animal	uniq_id	water_need
0	elephant	1001	500
1	elephant	1002	600
2	elephant	1003	550
3	tiger	1004	300
4	tiger	1005	320
5	tiger	1006	330
6	tiger	1007	290
7	tiger	1008	310
8	zebra	1009	200
9	zebra	1010	220
10	zebra	1011	240
11	zebra	1012	230

	animal	id	water_need
12	zebra	1013	220
13	zebra	1014	100
14	zebra	1015	80
0	lion	1016	420
1	lion	1017	600
2	lion	1018	500
3	lion	1019	390
4	kangaroo	1020	410
5	kangaroo	1021	430
6	kangaroo	1022	410

【例 4-95】 列名不同的 DataFrame 的数据连接。

In[95 − 1]:
```
zoo2.columns = ['animal','id','water_need']
zoo2
```
Out[95 − 1]:

	animal	id	water_need
0	lion	1016	420
1	lion	1017	600
2	lion	1018	500
3	lion	1019	390
4	kangaroo	1020	410
5	kangaroo	1021	430
6	kangaroo	1022	410

In[95 − 2]:
```
zoo = pd.concat([zoo1,zoo2])
zoo
```
Out[95 − 2]:

	animal	id	uniq_id	water_need
0	elephant	NaN	1001.0	500
1	elephant	NaN	1002.0	600
...	...	...	...	...
14	zebra	NaN	1015.0	80
0	lion	1016.0	NaN	420
1	lion	1017.0	NaN	600
2	lion	1018.0	NaN	500
3	lion	1019.0	NaN	390
4	kangaroo	1020.0	NaN	410
5	kangaroo	1021.0	NaN	430
6	kangaroo	1022.0	NaN	410

如例 4-95 所示，没有数据的默认为 NaN，即空值。

【例 4-96】 沿 1 轴的连接。

```
In[96]:
    zoo = pd.concat([zoo1,zoo2],axis = 1)
    zoo
Out[96]:
```

	animal	uniq_id	water_need	animal	id	water_need
0	elephant	1001	500	lion	1016.0	420.0
1	elephant	1002	600	lion	1017.0	600.0
2	elephant	1003	550	lion	1018.0	500.0
3	tiger	1004	300	lion	1019.0	390.0
4	tiger	1005	320	kangaroo	1020.0	410.0
5	tiger	1006	330	kangaroo	1021.0	430.0
6	tiger	1007	290	kangaroo	1022.0	410.0
7	tiger	1008	310	NaN	NaN	NaN
8	zebra	1009	200	NaN	NaN	NaN
9	zebra	1010	220	NaN	NaN	NaN
10	zebra	1011	240	NaN	NaN	NaN
11	zebra	1012	230	NaN	NaN	NaN
12	zebra	1013	220	NaN	NaN	NaN
13	zebra	1014	100	NaN	NaN	NaN
14	zebra	1015	80	NaN	NaN	NaN

注意：沿 1 轴的连接在实际应用中是非常少见的。

【例 4-97】 重排索引顺序。

```
In[97 - 1]:
    zoo2.columns = ['animal','uniq_id','water_need']
    #恢复 zoo2 列名
    zoo2
Out[97 - 1]:
```

	animal	uniq_id	water_need
0	lion	1016	420
1	lion	1017	600
2	lion	1018	500
3	lion	1019	390
4	kangaroo	1020	410
5	kangaroo	1021	430
6	kangaroo	1022	410

```
In[97 - 2]:
    zoo = pd.concat([zoo1,zoo2],ignore_index = True) # 让索引重新排列
    zoo
```

Out[97 - 2]:

	animal	uniq_id	water_need
0	elephant	1001	500
1	elephant	1002	600
...	...	...	...
19	kangaroo	1020	410
20	kangaroo	1021	430
21	kangaroo	1022	410

4.7.3 检测与处理重复值

数据中出现重复样本时,只要留一份即可,其余的可以做删除处理。对于重复数据需要进行检测并处理。

1. 判断重复数据

判断重复数据可用 duplicated()函数。

【例 4-98】 判断重复数据。

```
In[98 - 1]:
import pandas as pd
data = pd.DataFrame({ 'animal':['panda','tiger'] * 3 + ['panda'],'young':[1, 1, 2, 3, 1, 4, 4],
                    'adult':[1,1,5,2,1, 4, 4] })
print(data)
Out[98 - 1]:
      animal  young  adult
    0  panda     1      1
    1  tiger     1      1
    2  panda     2      5
    3  tiger     3      2
    4  panda     1      1
    5  tiger     4      4
    6  panda     4      4
In[98 - 2]:
    data.duplicated()
Out[98 - 2]:
    0    False
    1    False
    2    False
    3    False
    4     True
    5    False
    6    False
    dtype: bool
```

2. 删除重复行

Pandas 通过 drop_duplicates()方法删除重复的行,其格式如下:

drop_duplicates(subset = None, keep = 'first', inplace = False)

参数说明如表 4.10 所示。

表 4.10 drop_duplicates()方法的主要参数及说明

参 数 名 称	使 用 说 明
subset	接收 string 或 sequence,表示进行去重的列,默认全部列
keep	接收 string,表示重复时保留第几个数据。其中,'first'表示保留第一个;'last'表示保留最后一个;False 逻辑值只要有重复都不保留。默认为 first
inplace	接收布尔数据,表示是否在原表上进行操作,默认为 False

使用 drop_duplicates()方法去重时,当且仅当 subset 参数中的特征重复时才会执行去重操作,去重时可以选择保留哪一个或者不保留。

【例 4-99】 每行各个字段都相同时去重。

In[99]:
    data.drop_duplicates()
Out[99]:

	animal	young	adult
0	panda	1	1
1	tiger	1	1
2	panda	2	5
3	tiger	3	2
5	tiger	4	4
6	panda	4	4

【例 4-100】 指定部分列重复时去重。

In[100]:
    data.drop_duplicates(['young','adult'])
Out[100]:

	animal	young	adult
0	panda	1	1
2	panda	2	5
3	tiger	3	2
5	tiger	4	4

【例 4-101】 去重时保留最后出现的记录。

In[101]:
    data.drop_duplicates(subset = ['young','adult'],keep = 'last')
Out[101]:

	animal	young	adult
2	panda	2	5
3	tiger	3	2
4	panda	1	1
6	panda	4	4

4.7.4 数据分组

1. 进行分组

数据分组是指根据某个或某几个字段对数据集进行分组,然后对每个分组进行分析与转换,是数据分析中常见的操作。Pandas 用 groupby()方法进行分组,分组后可对分组结果进行运算。

groupby()方法可以根据索引或字段对数据进行分组,其语法格式如下:

DataFrame.groupby(by = None, axis = 0, level = None, as_index = True, sort = True, group_keys = True, squeeze = False, ∗∗kwargs)

groupby()方法的参数及其说明如表 4.11 所示。

表 4.11 groupby 方法的参数及其说明

参 数 名 称	参 数 说 明
by	可以传入函数、字典、Series 等,用于确定分组的依据
axis	接收 int,表示操作的轴方向,默认为 0
level	接收 int 或索引名,代表标签所在级别,默认为 None
as_index	接收布尔数据,表示聚合后的标签是否以 DataFrame 索引输出
sort	接收布尔数据,表示对分组依据和分组标签排序,默认为 True
group_keys	接收布尔数据,表示是否显示分组标签的名称,默认为 True
squeeze	接收布尔数据,表示是否在允许情况下对返回数据降维,默认 False

【例 4-102】 用 groupby()方法进行分组。

In[102 − 1]:
  zoo = pd.read_csv('Data/zoo.csv')
  zoo
Out[102 − 1]:

	animal	uniq_id	water_need
0	elephant	1001	500
1	elephant	1002	600
2	elephant	1003	550
...	...	...	...
19	kangaroo	1020	410
20	kangaroo	1021	430
21	kangaroo	1022	410

In[102 − 2]:
  zoo.groupby('animal').groups
Out[102 − 2]:
  {'elephant': Int64Index([0, 1, 2], dtype='int64'),
   'kangaroo': Int64Index([19, 20, 21], dtype='int64'),
   'lion': Int64Index([15, 16, 17, 18], dtype='int64'),
   'tiger': Int64Index([3, 4, 5, 6, 7], dtype='int64'),
   'zebra': Int64Index([8, 9, 10, 11, 12, 13, 14], dtype='int64')}
In[102 − 3]:

```python
grp = zoo.groupby('animal')
for name,item in grp:  # name 是名称,item 是数据集
    print(name)
    print(item)
    print()  # 为了区分,打一行空格
```

Out[102-3]:

```
elephant
      animal  uniq_id  water_need
0   elephant     1001         500
1   elephant     1002         600
2   elephant     1003         550

kangaroo
      animal  uniq_id  water_need
19  kangaroo     1020         410
20  kangaroo     1021         430
21  kangaroo     1022         410

lion
    animal  uniq_id  water_need
15    lion     1016         420
16    lion     1017         600
17    lion     1018         500
18    lion     1019         390

tiger
    animal  uniq_id  water_need
3    tiger     1004         300
4    tiger     1005         320
5    tiger     1006         330
6    tiger     1007         290
7    tiger     1008         310

zebra
    animal  uniq_id  water_need
8    zebra     1009         200
9    zebra     1010         220
10   zebra     1011         240
11   zebra     1012         230
12   zebra     1013         220
13   zebra     1014         100
14   zebra     1015          80
```

In[102-4]:

```python
print(grp.size())
print(grp.mean())
```

Out[102-4]:

```
animal
elephant    3
kangaroo    3
lion        4
tiger       5
zebra       7
dtype: int64
           uniq_id  water_need
animal
elephant    1002.0  550.000000
kangaroo    1021.0  416.666667
lion        1017.5  477.500000
tiger       1006.0  310.000000
zebra       1012.0  184.285714
```

数据分组后返回的是一个 groupby 对象,可以调用 groupby()方法,如 size、mean 等。

2. 得到分组并进行运算

得到分组用的是 get_group()方法。得到的分组对象支持链式运算。groupby 常用的一些运算函数如表 4.12 所示。

表 4.12 常用运算方法

函 数	使 用 说 明
count	计数
sum	求和
mean	求平均值
median	求中位数
std、var	无偏标准差和方差
min、max	求最小值和最大值
prod	求积
first、last	第一个和最后一个值

【例 4-103】 使用 get_group()方法得到分组。

In[103]:
```
        grp = zoo.groupby('animal')
        grp.get_group('lion')
```
Out[103]:

	animal	uniq_id	water_need
15	lion	1016	420
16	lion	1017	600
17	lion	1018	500
18	lion	1019	390

【例 4-104】 分组的链式运算。

In[104 - 1]:
```
        zoo.groupby('animal').sum()
```
Out[104 - 1]:

animal	uniq_id	water_need
elephant	3006	1650
kangaroo	3063	1250
lion	4070	1910
tiger	5030	1550
zebra	7084	1290

In[104 - 2]:
```
        zoo.groupby('animal').sum().drop(columns = 'uniq_id')
```
Out[104 - 2]:

	water_need
animal	
elephant	1650
kangaroo	1250
lion	1910
tiger	1550
zebra	1290

In[104 - 3]:
```
zoo.groupby('animal').sum().drop(columns = 'uniq_id').sort_values('water_need',ascending = False)
# 支持链式操作
```
Out[104 - 3]:

	water_need
animal	
lion	1910
elephant	1650
tiger	1550
zebra	1290
kangaroo	1250

4.8 综合案例

本节的综合案例将对天猫"双十一"美妆数据进行数据清洗与分析工作,为下一步的可视化分析打下基础。

4.8.1 背景介绍

天猫(Tmall,天猫商城)是一个综合性购物网站,是中国最大的 B2C 购物网站,由淘宝网分离而成,由知名品牌的直营旗舰店和授权专卖店组成,现为阿里巴巴集团的子公司之一。2012 年 1 月 11 日上午,淘宝商城正式宣布更名为"天猫"。2012 年 3 月 29 日,天猫发布全新 Logo 形象。2014 年 2 月 19 日,阿里巴巴集团宣布天猫国际正式上线,为国内消费者直供海外原装进口商品。

"双十一"即指每年的 11 月 11 日,是指由电子商务为代表的,在全中国范围内兴起的大型购物促销狂欢日。自从 2009 年 10 月 1 日开始,每年的 11 月 11 号,以天猫、京东、苏宁易购为代表的大型电子商务网站一般会利用这一天来进行一些大规模的打折促销活动,以提高销售额度,逐渐成为中国互联网最大规模的商业促销狂欢活动。

随着国民经济的持续增长,我国美妆行业迎来了一轮蓬勃发展期。美妆行业规模不断扩大的同时,营销手段也日趋多元化。在移动互联网的不断发展、新一代消费人群日益崛起的大背景下,直播网购、创新跨界等场景化营销渐成为趋势。

本案例选取了 2016 年天猫在"双十一"美妆产品领域的部分销售数据,即 2016 年 11 月 5 日至 2016 年 11 月 14 日的部分美妆产品的数据进行分析。

4.8.2 数据整理目标

本案例数据整理的目标是将 27 598 行、7 列的原始数据,整理为 9 列的"整理结果数据"并保存为 Excel 的文件格式。

其原始数据模式为天猫"双十一"美妆数据(update_time,id,title,price,sale_count,comment_count,店名),整理后数据模式为整理结果数据(日期,商品 id,商品名称,价格,销售量,评价数量,品牌名称,销售额,折扣力度)。其中,销售额=价格×销售量;折扣力度=每个商品 id 的最低价/最高价。

4.8.3 数据读取与初步探索

第 1 步:读取原始数据。

```
In[1]:
import pandas as pd
import numpy as np
from pandas import Series,DataFrame
df = pd.read_excel('Data\天猫"双十一"美妆数据.xlsx')
df
```
Out[1]:

	update_time	id	title	price	sale_count	comment_count	店名
0	2016-11-14	A18164178225	CHANDO/自然堂 雪域精粹纯粹滋润霜50g 补水保湿 滋润水润面霜	139.0	26719.0	2704.0	自然堂
1	2016-11-14	A18177105952	CHANDO/自然堂凝时鲜颜肌活乳液120ML 淡化细纹补水滋润专柜正品	194.0	8122.0	1492.0	自然堂
...	...	...	...	...	...	...	...
27596	2016-11-05	A538212160126	SK-II 11-11预售skiisk2神仙水护肤精华油面部套装滋润补水密集修	1190.0	NaN	NaN	SKII
27597	2016-11-05	A538677326709	SK-II【11-11】神仙水护肤精华油面部套装滋润补水密集修	1190.0	NaN	NaN	SKII

27598 rows × 7 columns

第 2 步:查看数据前 20 行。

```
In[2]:
df[0:20]  # 或者 df.head(20)
Out[2]:
```

	update_time	id	title	price	sale_count	comment_count	店名
0	2016-11-14	A18164178225	CHANDO/自然堂 雪域精粹纯粹滋润霜50g 补水保湿 滋润水润面霜	139.0	26719.0	2704.0	自然堂
1	2016-11-14	A18177105952	CHANDO/自然堂凝时鲜颜肌活乳液120ML 淡化细纹补水滋润专柜正品	194.0	8122.0	1492.0	自然堂
...	...	...	...	...	...	...	...

		update_time	id	title	price	sale_count	comment_count	店名
18		2016-11-14	A19009618209	CHANDO/自然堂凝时鲜颜套装水乳/霜套装 补水保湿滋润淡化细纹	348.0	19262.0	1786.0	自然堂
19		2016-11-14	A19371494116	CHANDO/自然堂雪域精粹冰肌精华套组 滋润护肤 精华爽肤水BB套装	508.0	12810.0	1304.0	自然堂

第 3 步：查看数据的后五行。

In[3]:
df.tail()
Out[3]:

	update_time	id	title	price	sale_count	comment_count	店名
27593	2016-11-05	A535642405757	SK-II【11-11】全新大眼眼霜skii放大双眼眼部修护精华紧致	590.0	NaN	NaN	SKII
27594	2016-11-05	A535911851408	SK-II 11-11预售skii大眼眼霜sk2眼部修护精华霜淡化黑眼圈	590.0	NaN	NaN	SKII
27595	2016-11-05	A537027211850	SK-II 11-11预售skii前男友护肤面膜sk2精华面膜贴密集修护	740.0	NaN	NaN	SKII
27596	2016-11-05	A538212160126	SK-II 11-11预售skiisk2神仙水护肤精华油面部套装滋润补水密集	1190.0	NaN	NaN	SKII
27597	2016-11-05	A538677326709	SK-II【11-11】神仙水护肤精华油面部套装滋润补水密集修	1190.0	NaN	NaN	SKII

第 4 步：查看数据的结构是多少行多少列。

In[4]:
df.shape
Out[4]:
(27598,7)

第 5 步：查看整体数据有多少空行。

In[5]:
df.info()
Out[5]:

```
<class 'pandas.core.frame.DataFrame'>
RangeIndex: 27598 entries, 0 to 27597
Data columns (total 7 columns):
update_time     27598 non-null datetime64[ns]
id              27598 non-null object
title           27598 non-null object
price           27598 non-null float64
sale_count      25244 non-null float64
comment_count   25244 non-null float64
店名              27598 non-null object
dtypes: datetime64[ns](1), float64(3), object(3)
memory usage: 1.5+ MB
```

4.8.4 数据的清洗与整理

第 6 步：删除空行，查看剩下的数据有多少行。

In[6]:
df1 = df.dropna()

```
df
Out[6]:
```

	日期	商品id	商品名称	价格	销售量	评价数量	品牌名称	销售额
0	2016-11-14	A18164178225	CHANDO/自然堂 雪域精粹纯粹滋润霜50g 补水保湿 滋润水润面霜	139.0	26719.0	2704.0	自然堂	3713941.0
1	2016-11-14	A18177105952	CHANDO/自然堂凝时鲜颜肌活乳液120ML 淡化细纹补水滋润专柜正品	194.0	8122.0	1492.0	自然堂	1575668.0
...	...	...	...	...	...	...	...	...
27127	2016-11-05	A540084337255	Herborist/佰草集新美肌梦幻曲面膜组23片装	580.0	0.0	0.0	佰草集	0.0
27128	2016-11-05	A541190557158	Herborist/佰草集新美肌梦幻曲面贴膜3片 保湿补水	1.0	1.0	0.0	佰草集	1.0

25244 rows × 8 columns

第 7 步：对剩下的数据进行改名处理：修改后的列名为"日期""商品 id""商品名称""价格""销售量""评价数量""品牌名称"。

```
In[7]:
df1.rename(columns = {'update_time':'日期','id':'商品id','title':'商品名称','price':'价格','sale_count':'销售量','comment_count':'评价数量','店名':'品牌名称'}, inplace = True)
# 也可直接更改列名如
# df1.columns = ['日期','商品id','商品名称','价格','销售量','评价数量','品牌名称']
df1
Out[7]:
```

	日期	商品id	商品名称	价格	销售量	评价数量	品牌名称
0	2016-11-14	A18164178225	CHANDO/自然堂 雪域精粹纯粹滋润霜50g 补水保湿 滋润水润面霜	139.0	26719.0	2704.0	自然堂
1	2016-11-14	A18177105952	CHANDO/自然堂凝时鲜颜肌活乳液120ML 淡化细纹补水滋润专柜正品	194.0	8122.0	1492.0	自然堂
...	...	...	...	...	...	...	...
27126	2016-11-05	A540021300133	Herborist/佰草集新七白美白嫩肤面膜260g 补水保湿嫩肤	420.0	10738.0	5494.0	佰草集
27127	2016-11-05	A540084337255	Herborist/佰草集新美肌梦幻曲面膜组23片装	580.0	0.0	0.0	佰草集
27128	2016-11-05	A541190557158	Herborist/佰草集新美肌梦幻曲面贴膜3片 保湿补水	1.0	1.0	0.0	佰草集

25244 rows × 7 columns

第 8 步：增加一列"销售额"，其中销售额＝价格×销售量。

```
In[8]:
df1['销售额'] = df1['价格'] * df1['销售量']
df1
Out[8]:
```

	日期	商品id	商品名称	价格	销售量	评价数量	品牌名称	销售额
0	2016-11-14	A18164178225	CHANDO/自然堂 雪域精粹纯粹滋润霜50g 补水保湿 滋润水润面霜	139.0	26719.0	2704.0	自然堂	3713941.0
1	2016-11-14	A18177105952	CHANDO/自然堂凝时鲜颜肌活乳液120ML 淡化细纹补水滋润专柜正品	194.0	8122.0	1492.0	自然堂	1575668.0
2	2016-11-14	A18177226992	CHANDO/自然堂活泉保湿修护精华水（滋润型135ml 补水控油爽肤水	99.0	12668.0	589.0	自然堂	1254132.0

3	2016-11-14	A18178033846	CHANDO/自然堂 男士劲爽控油洁面膏 100g 深层清洁 男士洗面奶	38.0	25805.0	4287.0	自然堂	980590.0
4	2016-11-14	A18178045259	CHANDO/自然堂雪域精粹纯粹滋润霜（清爽型）50g补水保湿滋润霜	139.0	5196.0	618.0	自然堂	722244.0
...	...	...	...	...	...	...	...	...
27127	2016-11-05	A540084337255	Herborist/佰草集新美肌梦幻曲面膜组23片装	580.0	0.0	0.0	佰草集	0.0
27128	2016-11-05	A541190557158	Herborist/佰草集新美肌梦幻曲面贴膜3片 保湿补水	1.0	1.0	0.0	佰草集	1.0

25244 rows × 8 columns

4.8.5 数据查看

第9步：查看所有的品牌名称。

In[9]:
df1['品牌名称'].unique()
Out[9]:
array(['自然堂', '资生堂', '悦诗风吟', '雅漾', '雅诗兰黛', '雪花秀', '相宜本草', '薇姿', '倩碧',
       '欧珀莱', '欧莱雅', '妮维雅', '蜜丝佛陀', '美加净', '美宝莲', '兰芝', '兰蔻', '娇兰', '佰草集'],
      dtype=object)

第10步：查看品牌名称为"资生堂"的产品信息。

In[10]:
df1[df1['品牌名称'] == '资生堂']
Out[10]:

	日期	商品id	商品名称	价格	销售量	评价数量	品牌名称	销售额
1190	2016-11-14	A41238850925	资生堂心机臻彩妆臻采腮红 2g 官方正品	280.0	517.0	16.0	资生堂	144760.0
1191	2016-11-14	A41276592245	资生堂洗面奶 男士洗面膏125ml 可作剃须泡沫	180.0	6831.0	472.0	资生堂	1229580.0
1192	2016-11-14	A41290443958	shiseido资生堂 盼丽风姿金采丰润柔肤液150ml 水润紧致柔滑肌肤	780.0	50.0	3.0	资生堂	39000.0
1193	2016-11-14	A41292111153	资生堂盼丽风姿抗皱夜霜50ml	510.0	612.0	46.0	资生堂	312120.0
1194	2016-11-14	A41309234345	shiseido资生堂 盼丽风姿抗皱夜乳 75mL补水 保湿 官方正品	510.0	233.0	20.0	资生堂	118830.0
...	...	...	...	...	...	...	...	...
2008	2016-11-05	A541192875468	Shiseido/资生堂新漾美肌精华健肤水75ml	280.0	0.0	0.0	资生堂	0.0
2009	2016-11-05	A541193218328	Shiseido/资生堂 新漾美肌精华润肤乳75ml	420.0	0.0	0.0	资生堂	0.0
2010	2016-11-05	A541194511462	Shiseido/资生堂 红色蜜露精华化妆液125ml	480.0	0.0	0.0	资生堂	0.0

821 rows × 8 columns

第11步：查看"佰草集"品牌的产品信息，按照销售额降序排列，销售额一样时按照产品价格升序排列。

In[11]:
df2 = df1[df1['品牌名称'] == '佰草集']
df2.sort_values(by = ['销售额','价格'],ascending = False)

Out[11]:

	日期	商品id	商品名称	价格	销售量	评论数量	品牌名称	销售额
25278	2016-11-12	A35534638562	佰草集 新玉润深层补水套装补水保湿化妆品套装 补水套装	660.0	84398.0	2435.0	佰草集	55702680.0
25104	2016-11-13	A35534638562	佰草集 新玉润深层补水套装补水保湿化妆品套装 补水套装	660.0	83851.0	2435.0	佰草集	55341660.0
...	...	...	...	...	...	...	...	...
27103	2016-11-05	A539848263574	Herborist/佰草集御五行焕肌洁面乳120g	260.0	0.0	0.0	佰草集	0.0
25591	2016-11-11	A541402957455	Herborist/佰草集平衡洁面乳100G*2 tk	84.0	0.0	0.0	佰草集	0.0

2265 rows × 8 columns

第 12 步：查看"自然堂"品牌在 2016 年 11 月 11 日当天的"商品 id""商品名称""价格""销售额""评价数量"。

In[12]:
df3 = df1[(df1['品牌名称'] == '自然堂')&(df1['日期'] == '2016-11-11')]
df3[['商品 id','商品名称','价格','销售额','评价数量']]
Out[12]:

	商品id	商品名称	价格	销售额	评价数量
353	A18177226992	CHANDO/自然堂活泉保湿修护精华水（滋润型135ml 补水控油爽肤水	55.0	566995.0	584.0
354	A18190290933	自然堂 活泉深层净化控油凝露60g 控油补水保湿滋润 活泉精华正品	49.0	315560.0	750.0
355	A18191681943	CHANDO/自然堂活泉深层补水酣睡膜 补水保湿免洗面膜 正品包邮	64.0	1420800.0	1518.0
...	...	...	...	...	...
444	A539967803575	CHANDO/自然堂冰肌莹润焕颜隔离霜 裸妆隔离控油保湿遮瑕CC霜	60.0	57300.0	2.0
445	A539970643513	CHANDO/自然堂娇颜粉嫩保湿眼部精华 四件套乳液精华	288.0	198720.0	0.0
446	A540004450388	CHANDO/自然堂雪润晶采眼霜15g 淡化黑眼圈细纹眼部	136.0	95200.0	0.0
447	A540215001957	CHANDO/自然堂自然堂凝时鲜颜精华呵护套装 滋润保湿秋冬套装	548.0	472924.0	0.0

95 rows × 5 columns

第 13 步：分别计算"自然堂"品牌在 2016 年 11 月 10 日～2016 年 11 月 12 日三天的总销售额和总销售量。

In[13]:
df4 = df1[(df1['日期']>'2016-11-09')&(df1['日期']<'2016-11-13')]
df5 = df4[df4['品牌名称'] == '自然堂']
总销售量 = df5['销售量'].sum()
总销售额 = df5['销售额'].sum()
print('总销售额是 ',总销售额,'总销售量是 ',总销售量)
Out[13]:
        总销售额是 830914585.5 总销售量是 5177395.0

第 14 步：描述现在的表 df1。

In[14]:
df1.describe()
Out[14]:

	价格	销售量	评价数量	销售额
count	25244.000000	2.524400e+04	25244.000000	2.524400e+04
mean	353.809717	1.230177e+04	1121.141816	1.679683e+06

std	626.257545	5.233693e+04	5271.059822	5.432045e+06
min	1.000000	0.000000e+00	0.000000	0.000000e+00
25%	98.000000	2.790000e+02	21.000000	5.310000e+04
50%	191.250000	1.445000e+03	153.000000	2.559392e+05
75%	380.000000	6.354500e+03	669.000000	9.716365e+05
max	11100.000000	1.923160e+06	202930.000000	9.686547e+07

大家还可以做其他查询探索,请自行探索完成。

4.8.6 数据的分组整理

第 15 步:将初步整理好的数据(df1)按照品牌名称进行分组,查看各个组的总体情况,结果用 df10 表示。

```
In[15]:
df10 = df1.groupby('品牌名称').sum()
df10
Out[15]:
```

品牌名称	价格	销售量	评论数量	销售额
佰草集	656339.66	14998206.0	1159958.0	4.019353e+09
倩碧	590375.00	7219068.0	739980.0	2.003617e+09
兰芝	388633.00	9135514.0	873684.0	2.526775e+09
兰蔻	971975.00	3107006.0	446919.0	1.647341e+09
妮维雅	97937.22	38421702.0	3720433.0	2.210457e+09
娇兰	1623725.00	181628.0	51092.0	7.560180e+07
悦诗风吟	366284.00	39070496.0	5890398.0	3.386962e+09
欧珀莱	375381.00	3950972.0	535828.0	1.119465e+09
欧莱雅	332904.00	33997797.0	2366492.0	5.365220e+09
相宜本草	161444.44	65462947.0	2876598.0	6.145791e+09
美加净	74997.57	8825906.0	965152.0	3.851918e+08
美宝莲	122725.00	39358088.0	3087101.0	3.531516e+09
自然堂	213979.00	18081479.0	2666883.0	2.988705e+09
薇姿	209690.00	880090.0	225393.0	2.227425e+08
蜜丝佛陀	61679.60	15391247.0	756994.0	2.082466e+09
资生堂	474077.00	351221.0	40171.0	1.667226e+08
雅漾	140966.00	6047851.0	1164360.0	1.120840e+09
雅诗兰黛	1579172.00	5361138.0	627620.0	3.040252e+09
雪花秀	489288.00	703631.0	107048.0	3.629061e+08

第 16 步：将 df1 按照商品 id 进行分组，查看每组的最高分，并得到此时的行列索引，构建 df11，要求其列索引为['商品 id','最高价']。

```
In[16]:
df11 = df1.groupby('商品 id')['价格'].max()
df11 = df11.reset_index()
df11.rename(columns = {'价格':'最高价'}, inplace = True)
df11
Out[16]:
```

	商品id	最高价
0	A10027317366	258.0
1	A10588608182	249.0
2	A10847151685	240.0
3	A12229499633	49.0
4	A12229615671	79.0
5	A12229695732	69.0
...	...	...
3192	A9609851200	89.0
3193	A9703525117	280.0
3194	A9709829810	99.0
3195	A9768255247	308.0

3196 rows × 2 columns

第 17 步：将 df1 按照商品 id 进行分组，查看每组的最低分，构建 df13，要求其列索引为['商品 id','最低价']。

```
In[17]:
df13 = df1.groupby('商品 id')['价格'].min()
df13 = df13.reset_index()
df13.rename(columns = {'价格':'最低价'}, inplace = True)
df13
Out[17]:
```

	商品id	最低价
0	A10027317366	159.00
1	A10588608182	189.00
2	A10847151685	125.99
3	A12229499633	49.00
4	A12229615671	39.50
...	...	...
3191	A9555524581	224.00
3192	A9609851200	44.50
3193	A9703525117	196.00

| 3194 | A9709829810 | 49.50 |
| 3195 | A9768255247 | 159.00 |

3196 rows × 2 columns

第18步：合并 df11 和 df13，并构建 df14。

In[18]:
df14 = pd.merge(df11,df13)
df14
Out[18]:

	商品id	最高价	最低价
0	A10027317366	258.0	159.00
1	A10588608182	249.0	189.00
2	A10847151685	240.0	125.99
3	A12229499633	49.0	49.00
4	A12229615671	79.0	39.50
...	...	...	...
3191	A9555524581	320.0	224.00
3192	A9609851200	89.0	44.50
3193	A9703525117	280.0	196.00
3194	A9709829810	99.0	49.50
3195	A9768255247	308.0	159.00

3196 rows × 3 columns

第19步：在 df14 中增加一列"折扣率"，要求折扣率＝最低价/最高价。

In[19]:
df14['折扣率'] = df14['最低价']/df14['最高价']
df14
Out[19]:

	商品id	最高价	最低价	折扣率
0	A10027317366	258.0	159.00	1.622642
1	A10588608182	249.0	189.00	1.317460
2	A10847151685	240.0	125.99	1.904913
...	...	...	...	...
3193	A9703525117	280.0	196.00	1.428571
3194	A9709829810	99.0	49.50	2.000000
3195	A9768255247	308.0	159.00	1.937107

3196 rows × 4 columns

第20步：将 df1 和 df14 合并成为 df15，并查看 df15。

In[20]:
df15 = pd.merge(df1,df14)

df15
Out[20]:

	日期	商品id	商品名称	价格	销售量	评论数量	品牌名称	销售额	最高价	最低价	折扣率
0	2016-11-14	A18164178225	CHANDO/自然堂 雪域精粹纯滋润霜50g 补水保湿 滋润水润面霜	139.0	26719.0	2704.0	自然堂	3713941.0	139.0	139.0	1.000000
1	2016-11-13	A18164178225	CHANDO/自然堂 雪域精粹纯滋润霜50g 补水保湿 滋润水润面霜	139.0	26684.0	2714.0	自然堂	3709076.0	139.0	139.0	1.000000
2	2016-11-12	A18164178225	CHANDO/自然堂 雪域精粹纯滋润霜50g 补水保湿 滋润水润面霜	139.0	26662.0	2706.0	自然堂	3706018.0	139.0	139.0	1.000000
3	2016-11-14	A18177105952	CHANDO/自然堂凝时鲜颜肌活乳液120ML 淡化细纹补水滋润专柜正品	194.0	8122.0	1492.0	自然堂	1575668.0	194.0	194.0	1.000000
...											
25242	2016-11-06	A532700246498	Herborist/佰草集佰草集新七白沐浴套装	260.0	213.0	90.0	佰草集	55380.0	260.0	260.0	1.000000
25243	2016-11-05	A532700246498	Herborist/佰草集佰草集新七白沐浴套装	260.0	213.0	90.0	佰草集	55380.0	260.0	260.0	1.000000

25244 rows × 11 columns

第 21 步：在此时的 df15 中删除列 "最高价" 和 "最低价"，形成最终的数据整理结果，共 9 列。

In[21]:
df15 = df15.drop(['最高价','最低价'],axis = 1)
df15
Out[21]:

	日期	商品id	商品名称	价格	销售量	评论数量	品牌名称	销售额	折扣率
0	2016-11-14	A18164178225	CHANDO/自然堂 雪域精粹纯滋润霜50g 补水保湿 滋润水润面霜	139.0	26719.0	2704.0	自然堂	3713941.0	1.000000
1	2016-11-13	A18164178225	CHANDO/自然堂 雪域精粹纯滋润霜50g 补水保湿 滋润水润面霜	139.0	26684.0	2714.0	自然堂	3709076.0	1.000000
2	2016-11-12	A18164178225	CHANDO/自然堂 雪域精粹纯滋润霜50g 补水保湿 滋润水润面霜	139.0	26662.0	2706.0	自然堂	3706018.0	1.000000
3	2016-11-14	A18177105952	CHANDO/自然堂凝时鲜颜肌活乳液120ML 淡化细纹补水滋润专柜正品	194.0	8122.0	1492.0	自然堂	1575668.0	1.000000
...									
25242	2016-11-06	A532700246498	Herborist/佰草集佰草集新七白沐浴套装	260.0	213.0	90.0	佰草集	55380.0	1.000000
25243	2016-11-05	A532700246498	Herborist/佰草集佰草集新七白沐浴套装	260.0	213.0	90.0	佰草集	55380.0	1.000000

25244 rows × 9 columns

4.8.7 数据保存

第 22 步：将整理好的数据保存为 "整理结果数据.xlsx"。

In[22]:
df15.to_excel('data/整理结果数据.xlsx')

4.9 本章小结

本章围绕 Python 的 Pandas 库首先介绍了 Pandas 常见的两种数据结构：Series 和 DataFrame，分别介绍了两种数据结构的显示结果和常见构建方式。需要大家注意的是：在大数据分析时代，通常情况下人们会将获取的数据直接导入进行量化分析，所以在几种构建方式中,学会文件的导入和导出显得尤为重要。

其次,本章介绍了 Pandas 的单文件操作,文件操作主要包括文件的增、删、改、查 4 方面,而本章分别从行、列的角度介绍了这 4 种操作。注意:每种操作的方式并不唯一,在选择中请重点关注以下 6 方面。①行(index)可以切片检索,列(columns)不可以切片检索;②当检索的条件为一个时,可以不用列表(例如检索单列如果不加中括号,不报错但是不显示表头),但当检索的条件为多个时,不论行列,一定要用列表;③空格不等同于空值,数据匹配时,空格的存在;④索引、切片标签不论首尾,索引、切片位置算头不算尾;⑤重点掌握 loc() 和 iloc() 的用法,理解以下属性或方法,index、columns、head()、tail()、reindex()、rename() 和 set_index();⑥掌握 reset_index() 和 drop() 方法的使用,注意参数 inplace,了解教材中出现的其他参数或方法,如 method、sort_values、append() 等。

再次,本章介绍了 Pandas 的多文件操作。简单地说,对于多文件可以聚合连接成单文件,然后按照单文件的操作方式进行操作。注意:连接包括纵向连接、横向连接、外连接和内连接等不同的方式,具体操作时要注意区分不同连接的方法选用。

最后,本章通过一个完整的例子,从数据获取、数据探索、数据清洗、数据整理、数据分析和导出的顺序演示了量化分析的流程,为数据可视化分析打下基础。

第5章 数据可视化

本章学习目标
- 掌握 Matplotlib 绘制基本图形的方法。
- 掌握 Matplotlib 绘制子图的方法。
- 掌握 pyecharts 绘制基本图形和组合图形的方法。

本章主要介绍 Matplotlib 和 pyecharts 两个可视化图形库,重点讲解用这两个库绘制折线图、柱状图、散点图、直方图等常见图形的方法。

俗话说,千言万语不如一张图。数据可视化(data visualization)通过图形能够清晰有效地表达数据,属于数据探索过程中的一部分。利用可视化技术可以识别异常值或所需的数据转换,也可以发现原始数据中不易观察到的数据联系。因此,数据可视化是数据分析中非常重要的内容。

Python 中有许多附加库可以用来制作静态或动态的可视化图形,其中使用最多的可视化工具是 Matplotlib 库和 pyecharts 库。本章介绍如何使用这两种库绘制常用的数据图表,如折线图、柱状图、散点图和直方图等。

5.1 Matplotlib 可视化

Matplotlib 是可以生成静态、动态和交互式可视化图形的绘图库。Matplotlib 最初由 John D. Hunter 于 2002 年编写,首次发表于 2007 年。Matplotlib 在 Python 环境下能够进行 MATLAB 风格的绘图,所以名字以 Mat 开头,中间的 plot 表示绘图这一作用,而结尾的 lib 则表示它是一个集合。近年来,在 Github 等开源社区的推动下,Matplotlib 成为在 Python 中使用最多的绘图工具包之一,在数据分析和科学计算等领域得到广泛应用。

Matplotlib 中应用最广的是 Matplotlib.pyplot 模块,用户只需要调用 Pyplot 中的函数,就能够绘制折线图、柱状图、散点图、直方图、箱线图、热力图等图形,实现快速绘图并设置图表的各个细节。

5.1.1 Matplotlib 基本图形

在 Jupyter Notebook 中显示图形,需要加入 %matplotlib inline 魔法函数(以%开头)。使用 Matplotlib 时,其导入语法格式如下:

```
import matplotlib.pyplot as plt
```

除此之外,运行本章的代码还需要引入 NumPy 和 Pandas 库,语法格式如下:

```
import numpy as np
```

```
import pandas as pd
from pandas import DataFrame,Series
% matplotlib inline     # 在 Notebook 中显示图形
```

需要注意的是：Matplotlib 默认为英文字体，如果绘制图形中出现汉字则无法显示。因此，还需要指定 Matplotlib 的默认字体，需要加入如下的代码：

```
plt.rcParams['font.sans-serif'] = ['SimHei']        # 用来显示中文标签
plt.rcParams['axes.unicode_minus'] = False          # 用来正常显示负号
```

1. 折线图

折线图(line chart)是最基本的一种图表，一般用于绘制连续型数据，也可以看作是将散点图按照 x 轴坐标顺序连接起来的图形，常用来表现数据的变化趋势。例如，可以通过绘制折线图来分析产品销量随着年份变化的趋势。

1) 基本折线图

绘制折线图可使用 plot()函数。

【例 5-1】 绘制基本折线图。

```
In [1]: import numpy as np
        import matplotlib.pyplot as plt
        % matplotlib inline
        x = np.arange(30)
        y = x * 2
        plt.plot(x, y)
Out [1]:
        [<matplotlib.lines.Line2D at 0x55143f0>]
```

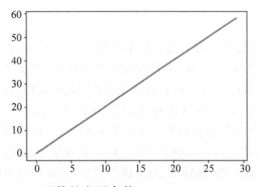

2) plot()函数的主要参数

plot()函数的参数有很多，详见官方文档。表 5.1 中列出了常用的参数。

表 5.1 plot()函数的主要参数及说明

参　数	类　型	说　明
x,y	ndarray 数组	x 轴与 y 轴对应的数据
color	string	表示线条的颜色
marker	string	表示线上数据点的样式
linestyle	string	表示线条的类型
linewidth	float	表示线条的粗细
alpha	float	0～1 的小数，表示图形的透明度

color 参数用来指定线条的颜色，其取值如表 5.2 所示。

表 5.2　color 参数取值

取　　值	代表的颜色	取　　值	代表的颜色
'b'	蓝色	'm'	洋红
'g'	绿色	'y'	黄色
'r'	红色	'k'	黑色
'c'	青绿	'w'	白色

marker 参数用于标记坐标点的样式，设置方式如表 5.3 所示。

表 5.3　marker 参数取值

取　　值	含　　义	取　　值	代表的颜色
'.'	点标记	'*'	星形标记
','	像素点标记	'D'	钻石标记
'o'	圆形标记	'+'	加号标记
'v'	三角标记	'x'	x 标记
's'	方形标记	'_'	水平线标记

linestyle 参数用来指定线条的类型，其取值如表 5.4 所示。

表 5.4　linestyle 参数取值

取　　值	线　　型
'-'	实线
'--'	短画线
'-.'	点画线
':'	虚线

其他参数设置请详见 Matplotlib 官方文档。

【例 5-2】　plot()函数参数设置。

In [2]: times = np.arange(1,11)
　　　　sales = np.random.randint(100,200,10)
　　　　plt.plot(times, sales, color = "r", linewidth = 1.0, marker = 's', linestyle = "--")
　　　　♯点标记为方形，线宽为 1 的红色短画线
Out [2]:
　　　　[<matplotlib.lines.Line2D at 0xb1289d0>]

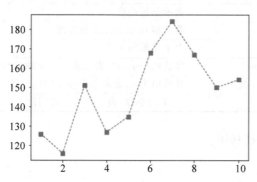

plot()函数的参数也可以不使用关键字,而用样式字符串替代,如'rs'代表红色方形标记。因此,例 5-2 的 plot()函数也可以简化如下:

plt.plot(times, sales, 'rs--')

一般来说,样式字符串中的标记类型、线类型跟在颜色类型的后面。

此外,Series 和 DataFrame 都有一个 plot 属性,用于绘制基本的图形。默认情况下,plot()函数绘制的是折线图。

2. 柱状图

1) 基本柱状图

柱状图(bar diagram)主要用于分析在 x 轴上定性数据的分布特征。一般情况下,横轴表示数据类别,纵轴表示数量或者比率。绘制柱状图主要使用 bar()函数。

【例 5-3】 绘制基本柱状图。

```
In [3]: x = [1,2,3,4,5,6,7,8]
        y = [2,1,4,6,9,8,7,3]
        plt.bar(x,y)
Out [3]:
```
⟨BarContainer object of 8 artists⟩

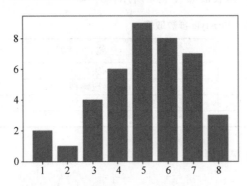

2) bar()函数的主要参数

bar()函数的主要参数如表 5.5 所示。

表 5.5 bar()函数的主要参数

参　　数	类　　型	说　　明
x	ndarray 数组	表示 x 轴的坐标
height	ndarray 数组	表示条形高度
width	float	默认值 0.8,表示条形宽度
color	string	表示条形的颜色
align	'center' 或 'edge'	默认值 'center',表示条形在 x 轴的对齐方式
bottom	数值或 ndarray 数组	默认值为 0,表示条形在 y 轴的位置
alpha	float	0~1 的小数,表示图形的透明度

利用 width 参数,可以绘制并列柱状图。

【例 5-4】 绘制并列柱状图。

```
In [4]: men_means = [20, 34, 30, 35, 27]
        women_means = [25, 32, 34, 20, 25]
        x = np.arange(len(men_means))
        width = 0.35
        rects1 = plt.bar(x - width/2, men_means, width)
        rects2 = plt.bar(x + width/2, women_means, width)
Out [4]:
```

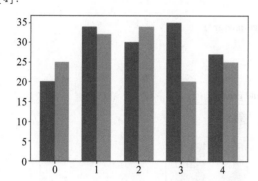

此外，利用 bottom 参数可以绘制堆积柱状图。

【例 5-5】 绘制堆积柱状图。

```
In [5]: men_means = [20, 34, 30, 35, 27]
        women_means = [25, 32, 34, 20, 25]
        x = np.arange(len(men_means))
        rects1 = plt.bar(x, men_means )
        rects2 = plt.bar(x, women_means, bottom = men_means)
Out [5]:
```

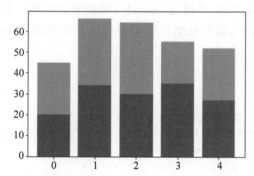

3）设置刻度和标签

默认情况下，柱状图 x 轴的刻度由函数参数 x 决定。要改变 x 轴的刻度，需要使用 xticks()函数。xticks()函数可以设置 x 轴的刻度。类似地，通过 yticks()函数可以设置 y 轴的刻度。

通过 xlable()函数和 ylabel()函数分别给 x 轴和 y 轴设置名称，通过 title()函数可以给图像添加标题。

【例 5-6】 设置刻度和标签。

```
In [6]: labels = ['G1', 'G2', 'G3', 'G4', 'G5']
        men_means = [20, 34, 30, 35, 27]
```

```
women_means = [25, 32, 34, 20, 25]
x = np.arange(len(labels))
width = 0.35
rects1 = plt.bar(x - width/2, men_means, width)
rects2 = plt.bar(x + width/2, women_means, width)
#添加图表标题,x轴和y轴标签
plt.xlabel('Groups')
plt.ylabel('Scores')
plt.title('Scores by group and gender')
#设置x轴刻度值和刻度标签
plt.xticks(x,labels)
```
Out [6]:

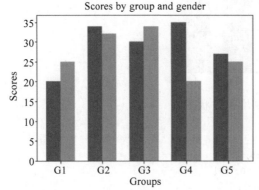

4)添加图例

图例是用来区分绘图区元素的主要工具。有很多方式可以添加图例,最简单的方式是在 bar()函数中传递 label 参数表明图例名称,再通过 legend()函数绘制图例。下面以小费数据为例,介绍如何绘制柱状图。该例中,通过分组计算了不同性别的账单和小费金额的平均值。

【例 5-7】 添加图例。

```
In [7]: tips = pd.read_csv('tips.csv')
        #按照性别,分组计算账单和小费平均金额
        billmean = tips.groupby('sex')['total_bill'].mean()
        tipmean = tips.groupby('sex')['tip'].mean()
        #刻度标签
        labels = ['Female', 'Male']
        x = np.arange(len(labels))
        width = 0.35
        rects1 = plt.bar(x - width/2, billmean, width,label = 'bill')
        rects2 = plt.bar(x + width/2, tipmean, width,label = 'tip')
        #添加图表标题,x轴和y轴标签
        plt.xlabel('Sex')
        plt.ylabel('Amount')
        plt.title('Amount Groupby Sex')
        #设置x轴刻度值和刻度标签
        plt.xticks(x,labels,fontsize = 12)
        #设置图例
```

```
        plt.legend()
Out[7]:
```

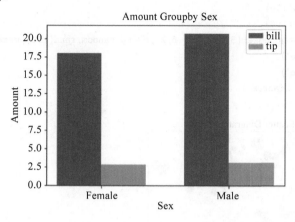

3. 散点图

散点图(scatter diagram)根据两个一维数组绘制坐标点,通过坐标点的分布来判断变量之间是否存在某种关联或总结坐标点的分布模式。在同时考察多个变量间的关系时可以借助散点图矩阵。使用 scatter()函数绘制散点图。

【例 5-8】 绘制散点图。

```
In[8]: x1 = np.arange(30)
       y1 = np.random.randn(30)
       plt.scatter(x1,y1)
Out[8]:
```

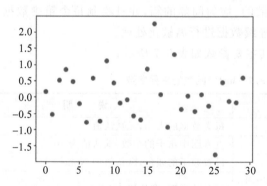

scatter()函数的主要参数如表 5.6 所示。

表 5.6 scatter()函数的主要参数

参　　数	类　　型	说　　明
x,y	数值或一维数组	表示 x 轴与 y 轴对应的数据点
s	数值或一维数组	表示数据点的大小,若传入数组则表示每个点的大小
c	颜色值或一维数组	表示数据点的颜色,若传入数组则表示每个点的颜色
marker	string	表示数据点的样式
alpha	float	0～1 的小数,表示数据点的透明度

【例5-9】 设置散点图参数。

```
In [9]: a = np.random.randn(100)
        b = np.random.randn(100)
        plt.scatter(a,b,s = np.power(5 * a + 10 * b,2),c = np.random.rand(100),marker = 'o')
        plt.xlabel('X Value')
        plt.ylabel('Y Value')
        plt.title('Scatter Diagram')
```
Out [9]:

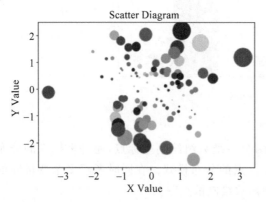

4．直方图和密度图

1) 直方图

直方图(histogram)是一种用来展现连续型数据分布特征的统计图形。利用直方图可以直观地观察数据的集中和分散趋势。直方图主要应用于连续型数据的可视化展示,例如,观察成绩的区间分布情况或者人均收入的分布特征等。

在直方图中,数据点被分成离散的、均匀间隔的箱,并且绘制每个箱中数据点的数量。在数据分析中,可以借助直方图对连续数据进行离散化处理。

使用hist()函数绘制直方图,其主要参数如表5.7所示。

表5.7　hist()函数的主要参数

参　　数	类　　型	说　　明
x	一维数组	每类数据的大小,无默认值
bins	整形	直方图中箱子的个数,默认值为10
color	颜色值	设置箱子的颜色,默认值为None
histtype	集合{'bar', 'barstacked', 'step', 'stepfilled'}	箱子的类型,默认值为bar
density	bool	是否将得到的直方图向量归一化,默认为False,不归一化,显示频数;若为True,归一化,显示频率
rwidth	float	箱子间的距离,默认值为None

【例5-10】 绘制直方图。

```
In [10]: x = np.random.randint(50,101,size = 100)
         plt.hist(x,bins = 20,density = False,color = 'g',alpha = 0.75)
         plt.xlabel("Score")
```

```
            plt.ylabel("StudentSum")
            plt.show()
Out [10]:
```

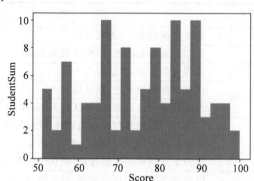

注意：前面介绍了柱状图和直方图的概念和绘制方法。柱状图和直方图在展现效果上是非常类似的，区别在于直方图描述的是连续型数据的分布，而柱状图描述的是离散型数据的分布。

2) 密度图

密度图是一种与直方图相关的图表类型，通过计算可能产生观测数据的连续概率分布估计而生成。其过程是将数据的分布近似为一组核（如正态分布），因此密度图也被称为内核密度估计(kernel density estimate，KDE)图。

可以通过 Series 类型的 plot()函数绘制密度图，设置函数参数 kind 为'kde'，例如：

【例 5-11】 绘制密度图。

```
In [11]: x = np.random.randint(50,101,size = 100)
         plt.hist(x,bins = 20,density = True,color = 'g',alpha = 0.75)
         #density = True,直方图向量归一化处理
         s = pd.Series(x)  #创建 Series 类型
         s.plot(kind = 'kde',linestyle = '--')  #绘制密度图
         plt.show()
Out [11]:
```

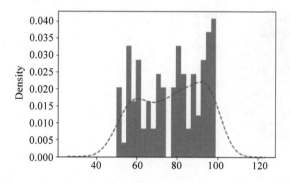

5. 饼图

饼图(pie graph)用于表示不同类别的占比情况。通过各类别所占面积的大小可以清楚地反映出各部分之间或者部分与整体之间的比例关系。在 Matplotlib 中使用 pie()函数绘制饼图。

pie()函数的主要参数如表5.8所示。

表5.8 pie()函数的主要参数

参　　数	类　　型	说　　明
x	一维数组	每类数据的大小,无默认值
explode	数组	每部分离圆心的距离,默认值为None
labels	字符串列表	每部分的标签,默认值为None
colors	包含颜色字符串的数组	设置饼图的填充色,默认值为None
autopct	string	设置数值的显示方式,默认值为None
pctdistance	float	设置百分比标签与圆心的距离,默认值为0.6
labeldistance	float	设置每部分标签与圆心的距离,默认值为1.1
shadow	bool	是否添加饼图的阴影效果,默认值为False
startangle	float	设置饼图的初始摆放角度,默认值为0
radius	float	饼图的半径,默认值为1
textprops	dict	设置标签和比例文字的格式,默认值为None

【例 5-12】 绘制饼图。

```
In [12]:    labels = ['A', 'B', 'C', 'D']          ♯每部分的标签
            data = [15, 30, 45, 10]                 ♯每部分的比例
            explode = (0, 0.1, 0, 0)                ♯将第2块分离出来
            colors = ['r','g','b','y']              ♯设置每部分的颜色
            plt.pie(data, explode = explode, labels = labels, \
                autopct = '%1.1f%%',shadow = True,startangle = 90,\
                textprops = {'fontsize':12,'color':'black'})
            ♯autopct在图中显示比例值的格式
            plt.axis('equal')                       ♯ x,y轴刻度设置一致,保证饼图为圆形
            plt.legend(loc = "upper right")         ♯在右上方显示图例
            plt.title("Pie Graph",fontsize = 16)    ♯显示图表标题
            plt.show()                              ♯显示图形
Out [12]:
```

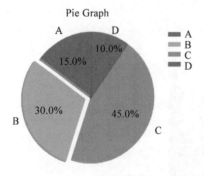

6．箱线图

箱线图(boxplot)也称为盒须图,是一种常见的用于观察数据分布的图形。通过数据中的5个统计量,包括最小值、下四分位数、中位数、上四分位数和最大值来描述数据,可以观察数据是否具有对称性和数据的分散程度,也可以对多个数据集进行比较。

使用boxplot()函数绘制箱线图,主要参数如表5.9所示。

表 5.9 boxplot()函数的主要参数

参数	类型	说明
x	数组或序列	用于绘制箱线图的数据,无默认值
notch	bool	中间箱体是否还有缺口,默认值为 False
sym	string	指定异常点形状,默认值为 None
vert	bool	箱线图是否垂直放置,默认值为 True
widths	float 或者数组	表示线箱体的宽度,默认值为 0.5
labels	字符串序列	箱线图的标签,默认值为 None
showmeans	bool	是否显示均值,默认值为 False
showcaps	bool	是否显示顶端和末端的两条线,默认值为 True

【例 5-13】 绘制箱线图。

```
In [13]: testA = np.random.rand(500)
         testB = np.random.rand(500)
         labels = ['testA','testB']
         data = [testA,testB]
         plt.boxplot(data,labels = labels,showmeans = True)    #设置标签并显示均值
         plt.title("BoxPlot")
         plt.show()
Out [13]:
```

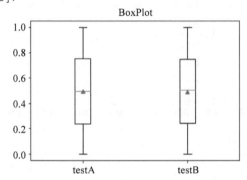

也可以使用 DataFrame 的 boxplot()函数完成箱线图的绘制。例如,例 5-14 中绘制鸢尾花数据的箱线图。

【例 5-14】 绘制鸢尾花数据箱线图。

```
In [14]: data1 = pd.read_csv('iris - data.csv')
         data1.boxplot(column = ['sepal_length_cm', 'sepal_width_cm'],sym = 'x')
         #对其中两列数据绘制箱线图,异常点用 x 标记
         plt.show()
Out [14]:
```

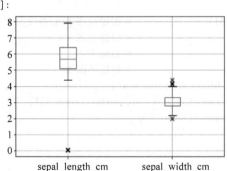

5.1.2 Matplotlib 自定义设置

1. 创建画布与子图

Matplotlib 所绘制的图形位于 Figure 对象(画布)中,前面的例子中都是在 Matplotlib 自动创建的 Figure 对象中进行绘图。在默认创建的画布中,只有一个 AxesSubplot 对象(有坐标系的绘图区),因此只能绘制一张图。如果希望在一张画布中绘制多张图,则需要显示地创建一个新的 Figure 对象,并在其中创建多个 AxesSubplot 对象,也可以说是创建多个子图。

使用 plt.figure()函数创建一个新的 Figure 对象,其中 figsize 参数可以设置图表的长宽比。使用 add_subplot()函数创建一个或多个子图。注意:请将例 5-15 的代码放在同一个 Notebook 的单元格中运行。

【例 5-15】 绘制子图。

```
In [15]: fig = plt.figure(figsize = (10,6))      #创建画布 fig,并设置画布大小
         ax1 = fig.add_subplot(2,2,1)             #创建子图 1
         ax2 = fig.add_subplot(2,2,2)             #创建子图 2
         ax3 = fig.add_subplot(2,2,3)             #创建子图 3
Out [15]:
```

其中,(2,2,1)表示将画布内划分成 2 行 2 列绘图区中的第 1 个绘图区域。选择不同的 ax 变量,便可在对应的 subplot 子图中绘图。

【例 5-16】 在子图中绘制图形。

```
In [16]: fig = plt.figure(figsize = (10,6))      #创建画布 fig,并设置画布大小
         ax1 = fig.add_subplot(2,2,1)             #创建子图 1
         ax2 = fig.add_subplot(2,2,2)             #创建子图 2
         ax3 = fig.add_subplot(2,2,3)             #创建子图 3
         ax1.hist(np.random.randn(100),bins = 20,color = 'b')
         ax2.scatter(np.arange(30),np.arange(30) + 3 * np.random.randn(30))
         ax3.plot(np.random.randn(50).cumsum(),'b--')
         plt.show()
```

Out [16]:

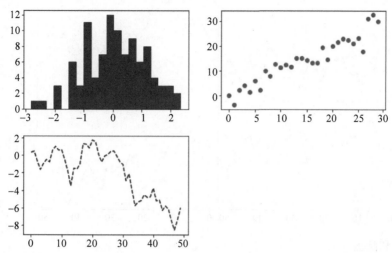

也可以用 plt.subplots() 函数创建一张新的图片,返回包含了已生成子图对象的 NumPy 数组。例如:

```
fig,axes = plt.subplots(2, 2)
```

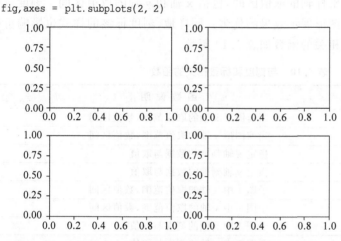

得到的 axes 数组可以像二维数组那样方便地进行索引,如 axes[0,1]。也可以通过使用 sharex 和 sharey 来表明子图分别拥有相同的 x 轴和 y 轴。

默认情况下,Matplotlib 会在子图的外部和子图之间留有一定的间距,可以使用图对象上的 subplots_adjust 方法更改间距,其中的 wspace 和 hspace 参数用于设置子图间的水平间距和垂直间距。

【例 5-17】 调整子图间距。

```
In [17]: fig,axes = plt.subplots(2, 2,sharex = True,sharey = True,figsize = (10,6))
         for i in range(2):
             for j in range(2):
                 axes[i,j].plot(np.random.randn(50).cumsum(),'b -- ')
         plt.subplots_adjust(wspace = 0,hspace = 0)              #间距缩小到零
Out [17]:
```

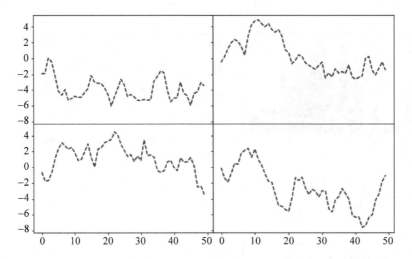

2．刻度和标签

在前面介绍柱状图时已经讲解了如何设置刻度和标签，这里再详细介绍关于刻度和标签的内容。

刻度范围是绘图区域中坐标轴的取值区间，包括 x 轴和 y 轴的取值区间。刻度范围是否合适直接决定绘图区域中图形展示效果的优劣。同样地，刻度标签的样式也影响可视化效果的好坏。与刻度和标签相关的函数如表 5.10 所示。

表 5.10　与刻度和标签相关的函数

函 数 示 例	函 数 说 明
plt.xlim	当前图形 x 轴的取值范围，数值区间
plt.ylim	当前图形 y 轴的取值范围，数值区间
plt.xticks	指定 x 轴刻度的数据与取值
plt.yticks	指定 y 轴刻度的数据与取值
ax1.set_xlim	子图 1 中 x 轴的取值范围，数值区间
ax1.set_ylim	子图 1 中 y 轴的取值范围，数值区间
ax1.set_xticks	子图 1 中 x 轴的刻度与取值
ax1.set_yticks	子图 1 中 y 轴的刻度与取值

【例 5-18】　设置刻度和标签。

```
In [18]: fig = plt.figure()                                    #创建画布 fig,并设置画布大小
        ax1 = fig.add_subplot(1,1,1)                           #创建子图
        ax1.plot(np.random.randn(1000).cumsum(),'--',label = 'First')    #绘制图形 1
        ax1.plot(np.random.randn(1000).cumsum(),'-',label = 'Second')    #绘制图形 2
        ticks = ax1.set_xticks([0,250,500,750,1000])
        labels = ax1.set_xticklabels(['one','two','three','four','five'],rotation = 30,fontsize = 10)
        #使用 set_xticklabels 为 x 轴设置刻度标签
        #rotation 使 x 轴刻度标签旋转 30 度
        ax1.set_title('Matplotlib Plot')                       #设置子图标题
        ax1.set_xlabel("Stages")                               #设置 x 轴名称
        ax1.legend(loc = 'best')                               #添加图例
```

```
plt.show()
```
Out [18]:

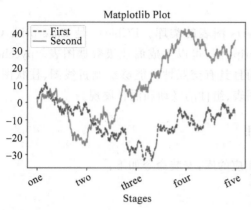

3. 注释文本

除了标准的绘图类型外,有时还需要在图表上添加文字注释,使图表能够更清晰地表达信息。使用 text() 函数可以在图表给定的坐标位置(x,y),并根据可选的样式绘制注释文本。例 5-19 以柱状图添加注释文本为例。

【例 5-19】 添加注释文本。

```
In [19]: a = np.arange(11)
         b = 1 + a
         # 绘制柱状图
         plt.bar(a,b)
         # 利用循环为每个柱形添加文本标注
         for x,y in zip(a,b):
             plt.text(x, y, str(y), ha = 'center', va = 'bottom', fontsize = 10)
             # 注释居中对齐,显示在柱子上方
         plt.xlabel('Class')
         plt.ylabel('Amounts')
         plt.title('Bar Example')
         plt.show()
```
Out [19]:

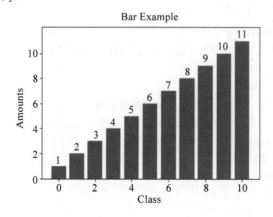

5.2 pyecharts 可视化

pyecharts 是一个用于生成 Echarts 图表的类库。ECharts 是 Enterprise Charts 的缩写,是百度开源的一个可视化 JavaScript 库,可以生成商业级数据图表。pyecharts 主要基于 Web 浏览器进行显示,图表美观而且具有交互性。能够绘制折线图、柱状图、散点图、K 线图等 30 多种常见图表,也支持多图表、组件的联动和混合展现。

5.2.1 pyecharts 的安装和使用

在使用 pyecharts 时,需要安装相应的库,安装命令如下:

```
pip install pyecharts
```

pyecharts 分为 V0.5.X 和 V1 两个版本,二者互不兼容。本书使用 V1 版本,可通过下列语句查看版本:

```
import pyecharts
print(pyecharts.__version__)
```

所有的图表类型都是按照下面的方式进行绘制:

```
chart_name = ChartType()              # 指定具体图表类型
chart_name.add()                      # 添加数据及配置项
chart_name.render()
# render()函数会生成本地 HTML 文件,默认会在当前目录生成 render.html 文件
# 也可以传入路径参数,如 bar.render("mycharts.html")
bar.render_notebook()                 # 在 jupyter notebook 中显示图表
```

5.2.2 pyecharts 的常用图形

1. 柱状图

使用 Bar()函数可以绘制柱状图。

【例 5-20】 pyecharts 柱状图。

```
In [20]: from pyecharts.charts import Bar
        attr = ["衬衫","羊毛衫","雪纺衫","裤子","高跟鞋","袜子"]
        v1 = [5, 20, 36, 10, 75, 90]
        v2 = [10, 25, 8, 60, 20, 80]
        bar = Bar()                           # 柱状图数据堆叠示例
        bar.add_xaxis(attr)                   # 加入 x 轴参数
        bar.add_yaxis("商家 A",v1)            # 加入 y 轴参数
        bar.add_yaxis("商家 B",v2)
        bar.render("mycharts.html")
        bar.render_notebook()
Out [20]:
```

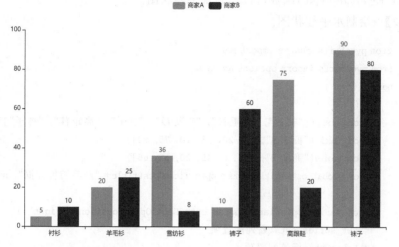

pyecharts 从 V1 版本支持链式调用,并且 pyecharts 绘图有两种配置项,包括全局配置项和系列配置项。

【例 5-21】 pyecharts 配置项。

```
In [21]: from pyecharts.charts import Bar
         from pyecharts import options as opts
         #使用 options 配置项
         # V1 版本支持链式调用
         bar = (
             Bar()
             .add_xaxis(["衬衫","西服","毛衣","裤子","女鞋","男鞋"])
             .add_yaxis("商家 A",[15, 21, 45, 13, 90, 70])
             .set_global_opts(title_opts=opts.TitleOpts(title="产品销售数据",subtitle="二月份"))
             #set_global_opts:全局配置项
             #title:主标题,subtitle:副标题
             #或者直接使用字典参数
             #.set_global_opts(title_opts={"text":"产品销售数据","subtext":"二月份"})
         )
         bar.render()
         bar.render_notebook()
Out [21]:
```

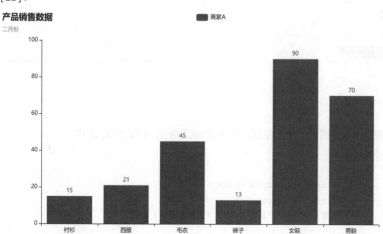

添加 bar.reversal_axis()函数可以绘制水平柱状图。

【例 5-22】 绘制水平柱状图。

```
In [22]: from pyecharts.charts import Bar
         from pyecharts import options as opts
         bar = (
             Bar()
             .add_xaxis(["衬衫", "羊毛衫", "雪纺衫", "裤子", "高跟鞋", "袜子"])
             .add_yaxis("商家 A", [5, 20, 36, 10, 75, 90])
             .add_yaxis("商家 B", [15, 6, 45, 20, 35, 66])
             .set_global_opts(title_opts = opts.TitleOpts(title = "产品销售数据", subtitle = "二月份"))
             .set_series_opts(label_opts = opts.LabelOpts(position = "right"))
             # set_series_opts:系列配置项
             # LabelOpts:标签配置项
             # position = "right":标签在右侧
             .reversal_axis()
         )
         bar.render()
         bar.render_notebook()
Out [22]:
```

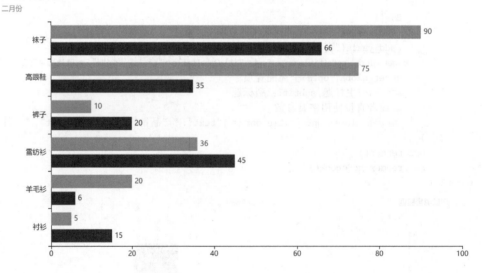

2. 饼图

饼图用于表现不同类别的占比情况,使用 Pie()函数可以绘制饼图。

【例 5-23】 绘制饼图。

```
In [23]: from pyecharts import options as opts
         from pyecharts.charts import Pie
         labels = ['教师','医生','护士', '工人','农民']
```

```
    sizes = [22,18,10,22,28]
    c = (
        Pie()
        .add("", [list(z) for z in zip(labels, sizes)])
        .set_global_opts(title_opts = opts.TitleOpts(title = "Pie-职业分类"))
        .set_series_opts(label_opts = opts.LabelOpts(formatter = "{b}: {c}"))
    )
    #模板变量:{a}(系列名称),{b}(数据项名称),{c}(数值), {d}(百分比)
    c.render()
    c.render_notebook()
```
Out [23]:

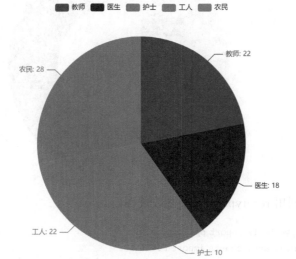

在 add()方法中,可以设置如下参数。

color:系列的颜色。

radius:饼图的半径,默认为[0,75],数组的第 1 项是内半径,第 2 项是外半径。

center:饼图的中心(圆心)坐标,默认为[50,50],数组的第 1 项是横坐标,第 2 项是纵坐标。

rosetype:是否展示成南丁格尔图(玫瑰图),有 radius 和 area 两种模式。radius:扇区圆心角展现数据的百分比,半径展现数据的大小;area:所有扇区圆心角相同,仅通过半径展现数据大小。

【例 5-24】 利用 radius 参数绘制环形饼图。

```
In [24]: from pyecharts import options as opts
    from pyecharts.charts import Pie
    labels = ['教师','医生','护士', '工人','农民']
    sizes = [22,18,10,22,28]
    c = (
        Pie()
        .add("",[list(z) for z in zip(labels, sizes)],radius = ["40%", "75%"],)
        .set_global_opts(
            title_opts = opts.TitleOpts(title = "Pie-Radius"),
            legend_opts = opts.LegendOpts(orient = "vertical", pos_top = "15%", pos_left = "2%")
        )
```

```
        #LegendOpts:图例配置项
        .set_series_opts(label_opts = opts.LabelOpts(formatter = "{b}: {c}"))
    )
    c.render()
    c.render_notebook()
Out[24]:
```
Pie-Radius

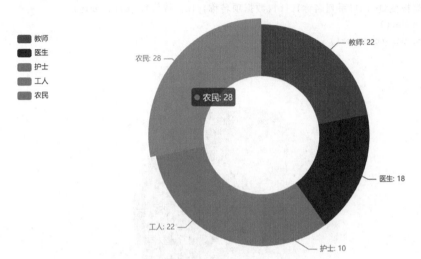

【例 5-25】 利用 rosetype 参数绘制玫瑰图。

```
In [25]: from pyecharts import options as opts
        from pyecharts.charts import Pie
        labels = ['教师','医生','护士','工人','农民']
        sizes = [22,18,10,22,28]
        c = (
            Pie()
            .add(
                "",
                [list(z) for z in zip(labels, sizes)],
                radius = ["40%", "55%"],
                center = ["25%", "50%"],
                rosetype = "radius",
                label_opts = opts.LabelOpts(is_show = False)          #不显示标签
            )
            .add(
                "",
                [list(z) for z in zip(labels, sizes)],
                radius = ["40%", "55%"],
                center = ["70%", "50%"],
                rosetype = "area",
            )
            .set_global_opts(title_opts = opts.TitleOpts(title = "Pie-玫瑰图示例"))
        )
        c.render()
        c.render_notebook()
```

```
        c.render_notebook()
Out[25]:
```

Pie-玫瑰图示例

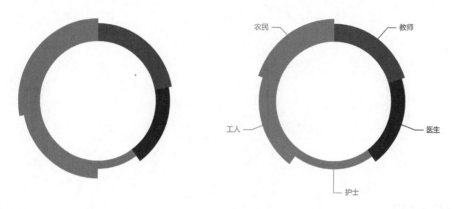

3. 雷达图

pyecharts 使用 Radar()函数绘制雷达图,其中通过 add_schema()方法对雷达图的参数与功能进行配置。

【**例 5-26**】 绘制雷达图。

```
In [26]: from pyecharts import options as opts
         from pyecharts.charts import Radar
         # 数据为二维数组
         v1 = [[4300, 10000, 28000, 35000, 50000, 19000]]
         randa = (
             Radar()
             .add_schema(
                 schema = [  # 设置雷达指示器配置项列表
                     opts.RadarIndicatorItem(name = "规划能力", max_ = 6500),
                     # 设置指示器名称和最大值
                     opts.RadarIndicatorItem(name = "问题分析", max_ = 16000),
                     opts.RadarIndicatorItem(name = "产品设计", max_ = 30000),
                     opts.RadarIndicatorItem(name = "团队协作", max_ = 38000),
                     opts.RadarIndicatorItem(name = "专业技能", max_ = 52000),
                     opts.RadarIndicatorItem(name = "学习发展", max_ = 25000),
                 ]
             )
             .add("个人综合能力", v1)  # 添加系列
             .set_series_opts(label_opts = opts.LabelOpts(is_show = False))
             .set_global_opts(
                 title_opts = opts.TitleOpts(title = "雷达图",pos_left = '10%'),
             )
         )
         randa.render()
         randa.render_notebook()
Out[26]:
```

雷达图

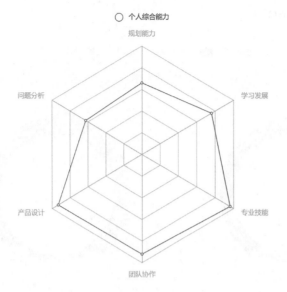

4. K 线图

K 线图可以用来表示股市或期货市场中的开盘价、最高价、最低价和收盘价，反映市场的状况和价格信息。pyecharts 使用 Kline() 函数绘制 K 线图。

【例 5-27】 绘制 K 线图。

```
In [27]: from pyecharts import options as opts
         from pyecharts.charts import Kline
         data = [
             [2320.26, 2320.26, 2287.3, 2362.94],[2300, 2291.3, 2288.26, 2308.38],
             [2295.35, 2346.5, 2295.35, 2345.92],[2347.22, 2358.98, 2337.35, 2363.8],
             [2360.75, 2382.48, 2347.89, 2383.76],[2383.43, 2385.42, 2371.23, 2391.82],
             [2377.41, 2419.02, 2369.57, 2421.15],[2425.92, 2428.15, 2417.58, 2440.38],
             [2411, 2433.13, 2403.3, 2437.42],[2432.68, 2334.48, 2427.7, 2441.73],
             [2430.69, 2418.53, 2394.22, 2433.89],[2416.62, 2432.4, 2414.4, 2443.03],
             [2441.91, 2421.56, 2418.43, 2444.8],[2420.26, 2382.91, 2373.53, 2427.07],
             [2383.49, 2397.18, 2370.61, 2397.94],[2378.82, 2325.95, 2309.17, 2378.82],
             [2322.94, 2314.16, 2308.76, 2330.88],[2320.62, 2325.82, 2315.01, 2338.78],
             [2313.74, 2293.34, 2289.89, 2340.71],[2297.77, 2313.22, 2292.03, 2324.63],
             [2322.32, 2365.59, 2308.92, 2366.16],[2364.54, 2359.51, 2330.86, 2369.65],
             [2332.08, 2273.4, 2259.25, 2333.54],[2274.81, 2326.31, 2270.1, 2328.14],
             [2333.61, 2347.18, 2321.6, 2351.44],[2340.44, 2324.29, 2304.27, 2352.02],
             [2326.42, 2318.61, 2314.59, 2333.67],[2314.68, 2310.59, 2296.58, 2320.96],
             [2309.16, 2286.6, 2264.83, 2333.29],[2282.17, 2263.97, 2253.25, 2286.33],
             [2255.77, 2270.28, 2253.31, 2276.22],
         ]
         c = (
             Kline()
             .add_xaxis(["2021/3/{}".format(i + 1) for i in range(31)])
             .add_yaxis("2021 年 3 月份 K 线图", data)
             .set_global_opts(
                 # AxisOpts:坐标轴配置项
```

```
            # is_scale = True:坐标刻度不会强制包含零刻度
            yaxis_opts = opts.AxisOpts(is_scale = True),
            xaxis_opts = opts.AxisOpts(is_scale = True),
            title_opts = opts.TitleOpts(title = "Kline - 基本示例"),
        )
    )
    c.render()
    c.render_notebook()
Out [27]:
```

Kline-基本示例

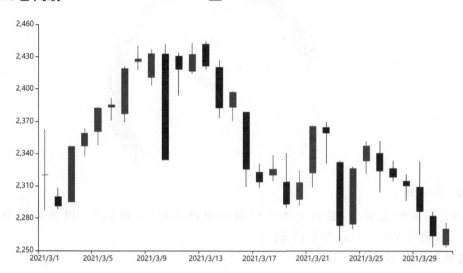

5. 仪表盘图

pyecharts 使用 Gauge()函数绘制仪表盘图。

【例 5-28】 绘制仪表盘图。

```
In [28]: from pyecharts import options as opts
         from pyecharts.charts import Gauge
         c = (
             Gauge()
             .add(
                 # 系列名称,用于 tooltip 的显示
                 series_name = "业务完成指标",
                 # 系列数据项,格式为 [(key1, value1), (key2, value2)]
                 data_pair = [['完成率',70]],
                 # 轮盘内数据项标签配置项
                 detail_label_opts = opts.LabelOpts(position = "bottom",
                     formatter = "{value} % "))
             .set_global_opts(
                 # 图例配置项,textstyle_opts:图例组件字体样式
                 legend_opts = opts.LegendOpts(is_show = True,
                     textstyle_opts = opts.TextStyleOpts(font_size = 20)),
                 # 提示框配置项,{a}:系列名,{b}:数据名,{c}:数据值
                 tooltip_opts = opts.TooltipOpts(is_show = True,
```

```
                formatter = "{a} < br/>{b} : {c} % "),
        )
    )
    c.render()
    c.render_notebook()
Out[28]:
```

6. 词云图

词云图也叫文字云,是对文本中出现频率较高的"关键词"予以视觉化的展现。pyecharts 使用 WordCloud 绘制词云图。

【例 5-29】 绘制词云图示例一。

```
In [29]: import pyecharts.options as opts
        from pyecharts.charts import WordCloud
        data = [
            ("生活资源",1320),("供热", 1023),("供气质量", 777),
            ("生活用水", 688), ("一次供水问题", 588),("交通运输", 516),
            ("城市交通", 515),("环境保护", 483),("房地产管理", 462),
            ("城乡建设", 449),("社会保障与福利", 429),("社会保障", 407),
            ("文体与教育管理", 406),("公共安全", 406),("公交运输管理", 386),
            ("出租车运营管理", 385),("供热管理", 375),("市容环卫", 355),
            ("自然资源管理", 355),("粉尘污染", 335),("噪声污染", 324),
            ("土地资源管理", 304),("物业服务与管理", 304),("医疗卫生", 284),
            ("粉煤灰污染", 284),("占道", 284),("供热发展", 254),
            ("农村土地规划管理", 254),("生活噪声", 253),("供热单位影响", 253),
            ("城市供电", 223),("房屋质量与安全", 223),
        ]
        c = (
            WordCloud()
            #data_pair:系列数据项,[(word1, count1), (word2, count2)]
            # word_size_range:单词字体大小范围
            .add(series_name = "热点分析", data_pair = data,
                word_size_range = [10, 66])
            .set_global_opts(
                title_opts = opts.TitleOpts(
```

```
            title = "热点分析",
            title_textstyle_opts = opts.TextStyleOpts(font_size = 23),
            pos_left = '10%'
        ),
        tooltip_opts = opts.TooltipOpts(is_show = True)
    )
)
c.render()
c.render_notebook()
```
Out [29]:

热点分析

下面以分析一部武侠小说为例,进一步介绍词云图的绘制。此例中引入 jieba 库用于分词。

【例 5-30】 绘制词云图示例二。

```
In [30]: import pyecharts.options as opts
        from pyecharts.charts import WordCloud
        import jieba                   #用于分词的库
        txt = open("tianlong.txt", encoding = "utf - 8").read()
        #加载停用词表
        stopwords = [line.strip() for line in open
                    ("StopWords.txt", encoding = 'utf - 8').readlines()]
        words = jieba.lcut(txt)  #进行分词
        counts = {}
        for word in words:
            #不在停用词表中
            if word not in stopwords:
                if len(word) == 1:    #不统计长度为 1 的词
                    continue
                else:
                    #累计词出现的次数
                    counts[word] = counts.get(word,0) + 1
        #字典转换成列表,以便排序
        items = list(counts.items())
        #按照出现的次数从大到小排序
```

```
        items.sort(key = lambda x:x[1], reverse = True)
        items = items[0:101]            # 取前 100 个词
        c = (
            WordCloud()
            .add(series_name = "天龙八部", data_pair = items[0:101],
                word_size_range = [10, 66])
            .set_global_opts(
                title_opts = opts.TitleOpts(
                    title = "天龙八部",
                    title_textstyle_opts = opts.TextStyleOpts(font_size = 23),
                    pos_left = '10%'
                ),
                tooltip_opts = opts.TooltipOpts(is_show = True)
            )
        )
        c.render()
        c.render_notebook()
Out[30]:
```

7. 组合图表

利用 pyecharts 绘制组合图表,可以垂直布局也可以水平布局。使用 Grid()函数绘制组合图表。

【例 5-31】 利用 pyecharts 绘制组合图表。

```
In [31]: from pyecharts.charts import Bar, Line, Grid
        from pyecharts import options as opts
        list1 = ["衬衫", "羊毛衫", "雪纺衫", "裤子", "高跟鞋", "袜子"]
        list2 = [10, 20, 36, 15, 60, 88]
        list3 = [15, 22, 45, 20, 35, 66]
        bar = (
            Bar()
            .add_xaxis(list1)
            .add_yaxis("商家 A", list2)
            .add_yaxis("商家 B", list3)
```

```
                .set_global_opts(title_opts = opts.TitleOpts(title = "产品销售数据",
                                subtitle = "二月份"))
        )
        line = (
            Line()
            .add_xaxis(list1)
            .add_yaxis("商家 A", list2, is_smooth = True)
            .add_yaxis("商家 B", list3, is_smooth = True)
            .set_global_opts(
                title_opts = opts.TitleOpts(
                                title = "产品销售数据",
                                subtitle = "二月份",
                                pos_top = '50%'),
                legend_opts = opts.LegendOpts(pos_top = '50%'))
        )
        grid = (
            Grid()
            .add(bar, grid_opts = opts.GridOpts(pos_bottom = "60%"))
            .add(line, grid_opts = opts.GridOpts(pos_top = "60%"))
        )
        grid.render_notebook()
Out [31]:
```

5.3 本章小结

本章主要介绍了 Matplotlib 和 pyecharts 两个可视化图形库。在 Matplotlib 中介绍了如何绘制折线图、柱状图、散点图、直方图和密度图，以及 Matplotlib 的自定义设置等；在 pyecharts 中介绍了如何绘制柱状图、饼图、雷达图、K 线图以及词云图等，也介绍了利用 pyecharts 绘制组合图表的方法。

第6章 科学计算与机器学习

本章学习目标
- 掌握 SciPy 科学计算库的使用。
- 掌握 scikit-learn 机器学习库常用模型的使用。
- 了解机器学习的基本过程。

本章将通过案例向读者介绍经典的科学计算库 SciPy 和机器学习库 scikit-learn 的基本功能和使用方法。

6.1 SciPy 科学计算库

SciPy 库构建于 NumPy 之上，提供了一个用于在 Python 中进行科学计算的工具集，如数值计算的方法和一些功能函数。使用该库，用户可以方便地处理数据。

6.1.1 SciPy 简介

SciPy，发音为 Sigh Pi，是一个科学计算的 Python 开源包，是在 BSD 许可下分发的库，用于执行数学、科学和工程计算。SciPy 使用的基本数据结构是由 NumPy 模块提供的多维数组，所以 SciPy 库依赖于 NumPy，它提供了便捷且快速的 N 维数组操作。SciPy 库中包含的常用包及基本功能如表 6.1 所示。

表 6.1 SciPy 库中包含的常用包及基本功能

子 包 名	功 能
scipy.cluster	矢量量化/k-means
scipy.constants	物理和数学常数
scipy.fftpack	傅里叶变换
scipy.integrate	集成例程
scipy.interpolate	插值
scipy.io	数据输入和输出
scipy.linalg	线性代数例程
scipy.ndimage	n 维图像包
scipy.odr	正交距离回归
scipy.optimize	优化
scipy.signal	信号处理
scipy.sparse	稀疏矩阵
scipy.spatial	空间数据结构和算法
scipy.special	任何特殊的数学函数
scipy.stats	统计

6.1.2 SciPy 常量包

scipy.constants 包提供了各种常量,使用时必须导入所需的常量,并根据需要来使用它们。

【例 6-1】 SciPy 常量的导入和使用。

```
In[1]:
from scipy.constants import pi
print("scipy-pi = %.16f" % pi)
Out[1]:
scipy-pi = 3.1415926535897931
```

表 6.2 列出了常用的物理常数。

表 6.2　SciPy 常用物理常数

序　号	常　　量	描　　述
1	c	真空中的光速
2	h	普朗克常数
3	Planck	普朗克常量
4	G	牛顿的引力常数
5	e	基本电荷
6	R	摩尔气体常数
7	Avogadro	阿伏伽德罗常数

6.1.3 SciPy 积分

当一个函数不能被分析积分,或者很难分析积分时,通常会转向数值积分方法。SciPy 有许多用于执行数值积分的程序,它们中的大多数都在同一个 scipy.integrate 包中。表 6.3 列出了一些常用函数。

表 6.3　SciPy 的常用积分函数

编　号	示　　例	描　　述
1	quad	单积分
2	dblquad	二重积分
3	tplquad	三重积分

quad()函数(单积分函数)是 SciPy 库中使用最频繁的积分函数,基本公式如下:

$$\int_a^b f(x)\mathrm{d}x$$

数值积分有时称为正交积分,它通常是在 a 到 b 给定的固定范围内执行函数 $f(x)$ 的单个积分的默认选择。

quad()函数的一般语法形式如下:

```
scipy.integrate.quad(f,a,b)
```

其中，f 是要积分的函数的名称；a 和 b 分别是下限和上限。

下面通过一个高斯函数的例子说明 quad()函数的使用方法，它的积分范围是 0 和 1。高斯函数的定义如下：

$$f(x) = e^{-x^2}$$

上述高斯函数可以使用 Lambda 表达式完成，然后在该函数上调用单积分方法。

【例 6-2】 SciPy 积分函数的使用。

```
In[2]:
import scipy.integrate
from numpy import exp
f = lambda x:exp(-x**2)
i = scipy.integrate.quad(f, 0, 1)
print (i)
Out[2]:
(0.7468241328124271, 8.291413475940725e-15)
```

6.2 scikit-learn 机器学习库

2007 年，scikit-learn 机器学习库首次被 Google Summer of Code 项目开发使用，现在已经被认为是最受欢迎的机器学习 Python 库。scikit-learn 被视为机器学习项目（尤其是在生产系统中）最佳选择之一的原因有很多，包括且不限于以下内容。

（1）scikit-learn 是一个非常强大的工具，能为库的开发提供高水平的支持和严格的管理。

（2）清晰的代码样式可确保机器学习代码易于理解和再现，并大大降低了对机器学习模型进行编码的入门门槛。

（3）scikit-learn 得到了很多第三方工具的支持，有非常丰富的功能适用于各种用例。

对于机器学习来说，scikit-learn 可能是最好的入门库，其简单性意味着很容易入门，通过学习 scikit-learn 的用法，可以掌握典型的机器学习工作流程中的关键步骤。

6.2.1 线性回归

一个简单线性回归方程如下：

$$y = b_1 * x + b_0$$

其中，b_1 为系数；b_0 为截距。b_1 和 b_0 反映了 x 和 y 的线性关系，x 为自变量，y 为因变量。自变量为一个，为一元线性回归；自变量为多个则为多元线性回归。

下面通过一个案例来学习利用线性回归进行机器学习的案例。

本案例将使用线性回归预测 Pizza 的价格，由于直径大小不同的 Pizza，其价格也是不同的。这是一个非常经典的案例，主要包括两个特征：Pizza 的直径（单位：英寸）和价格（单位：美元）。

假如有一家西餐厅，其 Pizza 价目表的数据集共 10 行，包括两个特征，具体数据如表 6.4 所示。

表 6.4 Pizza 的价目表

样 本 序 号	直径/英寸	价格/美元
1	5	6
2	6	7.5
3	7	8.6
4	8	9
5	10	12
6	11	13.6
7	13	15.8
8	14	18.5
9	16	19.2
10	18	20

该案例共有 10 个样本,通过观察发现 Pizza 的直径和价格之间存在一种线性关系,现在需要通过机器学习的方法构造一个一元线性回归模型,通过分析披萨的直径与价格的线性关系预测任意直径披萨的价格,具体代码如例 6-3,读者可以通过注释理解代码的含义。

【例 6-3】 scikit-learn 的线性回归应用。

```
In[3]:
from sklearn.linear_model import LinearRegression    #导入线性回归模块
#数据集——直径和价格
x = [[5],[6],[7],[8],[10],[11],[13],[14],[16],[18]]
y = [[6],[7.5],[8.6],[9],[12],[13.6],[15.8],[18.5],[19.2],[20]]
clf = LinearRegression()                             #创建一个线性回归模型
clf.fit(x,y)                                         #训练该模型
print(clf.coef_)                                     #输出训练好的模型系数
print(clf.intercept_)                                #输出训练好的模型截距
pre = clf.predict([[12]])                            #预测 12 英寸的 Pizza 价格
print(pre)                                           #输出预测价格

Out[3]:
[[ 1.16497696]]
[ 0.43824885]
[[ 14.41797235]]
```

6.2.2 逻辑回归

逻辑回归(logistical regression)又称 logistic 回归分析,是一种广义的线性回归分析模型,常用于数据挖掘、疾病自动诊断、经济预测等领域。例如,探讨引发疾病的危险因素,并根据危险因素预测疾病发生的概率等。以胃癌病情分析为例,选择两组人群,一组是胃癌组,一组是非胃癌组,两组人群必定具有不同的体征与生活方式等。因此,因变量为是否胃癌,值为"是"或"否",自变量包括很多,如年龄、性别、饮食习惯、幽门螺杆菌感染等。自变量既可以是连续的,也可以是分类的。然后通过 logistic 回归分析,可以得到自变量的权重,从而可以大致了解到底哪些因素是胃癌的危险因素。最后根据该权值确定的危险因素

可以预测一个人患癌症的可能性。

下面鸢尾花卉(Iris)数据集,它是很常用的一个数据集。鸢尾花有 3 个亚属,分别是山鸢尾(Iris-setosa)、变色鸢尾(Iris-versicolor)和弗吉尼亚鸢尾(Iris-virginica)。鸢尾花卉(Iris)数据集结构如表 6.5 所示。

表 6.5 鸢尾花卉(Iris)数据集结构

列 名	说 明	类 型
SepalLength	花萼长度	float
SepalWidth	花萼宽度	float
PetalLength	花瓣长度	float
PetalWidth	花瓣宽度	float
Class	类别变量:0 表示山鸢尾,1 表示变色鸢尾,2 表示弗吉尼亚鸢尾	int

用户可以通过已有鸢尾花卉数据集训练一个逻辑回归模型,然后利用训练好的模型预测新的鸢尾花属于哪个亚属,具体代码如下,读者可以通过注释理解代码的含义。

【例 6-4】 scikit-learn 的逻辑回归应用。

```
In[4]:
    from sklearn.datasets import load_iris
    from sklearn.linear_model import LogisticRegression
    # 导入数据集 iris
    iris = load_iris()                          # 载入数据集
    print(iris.data)                            # 查看数据集
    print(iris.data.shape)                      # 查看数据集形状
    X = iris.data                               # 获取花卉数据集
    Y = iris.target                             # 获取花卉所属亚属
    # 逻辑回归模型
    lr = LogisticRegression(C = 1e5)            # 建立逻辑回归模型
    lr.fit(X,Y)                                 # 训练逻辑回归模型
    X1 = [[5.1,3.5,1.4,0.2],[5.9,3.,5.1,1.8]]   # 待预测花卉数据
    Z = lr.predict(X1)                          # 预测花卉所属亚属
    print(Z)                                    # 输出预测结果
```

鸢尾花卉数据集如下:

```
[[ 5.1  3.5  1.4  0.2]
 [ 4.9  3.   1.4  0.2]
 [ 4.7  3.2  1.3  0.2]
 [ 4.6  3.1  1.5  0.2]
 [ 5.   3.6  1.4  0.2]
 [ 5.4  3.9  1.7  0.4]
    ...

 [ 6.3  2.5  5.   1.9]
 [ 6.5  3.   5.2  2. ]
 [ 6.2  3.4  5.4  2.3]
 [ 5.9  3.   5.1  1.8]]
```

该数据集共有 150 行 4 列数据。
输入预测结果如下：

```
Out[4]:
[0 2]
```

6.2.3　k 均值聚类

k 均值聚类算法(k-means clustering algorithm)是一种迭代求解的聚类分析算法，其步骤是随机选取 k 个对象作为初始的聚类中心，然后计算每个对象与各个种子聚类中心之间的距离，把每个对象分配给距离它最近的聚类中心。聚类中心以及分配给它们的对象代表一个聚类。每分配一个样本，聚类的聚类中心会根据聚类中现有的对象被重新计算。这个过程将不断重复直到满足某个终止条件。终止条件可以是没有(或最小数目)对象被重新分配给不同的聚类，没有(或最小数目)聚类中心再发生变化。其具体代码如例 6-5 所示。

【例 6-5】　k 均值聚类。

```
In[5] :
#导入 k 均值聚类模块
from sklearn.cluster import KMeans

#数据集
#X 表示二维矩阵数据,某班语文和英语成绩
#总共 8 行,每行两列数据
X = [[23, 98],              #语文偏科
     [98, 95],              #两科成绩都好
     [96, 96],
     [21, 97],
     [21, 24],
     [34, 38],              #两科成绩都差
     [99, 34],
     [95, 23]               #英语偏科
    ]

#k 均值聚类
clf = KMeans(n_clusters = 4)    #表示类簇数为 4,聚成 4 类数据,clf 即赋值为 KMeans
y_pred = clf.fit_predict(X)     #载入数据集 X,并且将聚类的结果赋值给 y_pred
print(y_pred)
```
数据集 X 中有 8 名同学的语文成绩和英语成绩,如[23,98]表示一名同学语文考了 23 分,英语考了 98 分.说明这名同学语文偏科.
```
Out[5] :
[3 2 2 3 0 0 1 1]
```

从聚类结果来看,第 1 行和第 4 行被聚为一类(语文偏科的同学),第 2 行和第 3 行成绩被聚为一类(两科成绩都好的同学),第 5 行和第 6 行被聚为一类(两科成绩都差的同学),最后两行被聚为一类(英语偏科的同学)。

6.3 本章小结

本章主要介绍了 SciPy 科学计算库与 scikit-learn 机器学习库,包括库中一些经典的模块,如积分、线性回归、逻辑回归、k 均值聚类的基本用法,使读者能够更好地理解科学计算与机器学习的基本过程。

第7章 机器学习综合案例

本章学习目标
- 了解机器学习的基本过程。
- 再现并完成"泰坦尼克"事件生存率预测的处理过程

本章将通过案例向读者介绍经典案例"泰坦尼克"事件生存率预测的数据处理过程。

1912年4月15日,泰坦尼克号在首航期间沉没,撞上冰山,2224名乘客和船员中有1502人丧生,只有32%的存活率。这场灾难导致人命损失的原因之一是,船上没有足够的救生艇供乘客和船员使用。尽管在沉船事件中幸存下来有运气因素,但是有些群体比其他群体更有可能存活下来,比如妇女、儿童和上层阶级。所以,针对这个问题,我们借助已有数据(也就是训练集数据)建立了一个预测模型,对不包含存活率的测试集数据做一个简单的预测,并了解与学习机器学习的一般步骤。

7.1 "泰坦尼克"事件的生存率预测

7.1.1 提出问题

从 Kaggle 泰坦尼克号项目页面(https://www.kaggle.com/c/titanic)下载数据,分别为训练数据集 train.csv 和测试数据集 test.csv。其中,train.csv 中有891条泰坦尼克号乘客的数据,包括这些乘客的特征与获救情况;test.csv 中有418条乘客的数据,包括这些乘客的特征但不包括获救情况。根据 train.csv 中乘客的特征与获救情况,预测 test.csv 中乘客的获救概率。其基本数据结构如下。

(1) Survived:是否存活(0代表否,1代表是)。
(2) Pclass:社会阶级(1代表上层阶级,2代表中层阶级,3代表底层阶级)。
(3) Name:船上乘客的名字。
(4) Sex:船上乘客的性别。
(5) Age:船上乘客的年龄(可能存在 NaN)。
(6) SibSp:乘客在船上的兄弟姐妹和配偶的数量。
(7) Parch:乘客在船上的父母以及小孩的数量。
(8) Ticket:乘客船票的编号。
(9) Fare:乘客为船票支付的费用。
(10) Cabin:乘客所在船舱的编号(可能存在 NaN)。
(11) Embarked:乘客上船的港口(C 代表从 Cherbourg 登船,Q 代表从 Queenstown 登船)。

7.1.2 理解数据

```
In[1]:
#导入数据处理包
import numpy as np
import pandas as pd
#导入数据
#训练数据集
data_train = pd.read_csv("c:/titanic/train.csv")
#测试数据集
data_test = pd.read_csv("c:/titanic/test.csv ")
print('训练数据集:',data_train.shape,'测试数据集:',data_test.shape)
Out[1]:
训练数据集: (891, 12) 测试数据集: (418, 11)
```

(1) 查看数据的基本信息如下：

```
data_train.info()
```

```
<class 'pandas.core.frame.DataFrame'>
RangeIndex: 891 entries, 0 to 890
Data columns (total 12 columns):
PassengerId    891 non-null int64
Survived       891 non-null int64
Pclass         891 non-null int64
Name           891 non-null object
Sex            891 non-null object
Age            714 non-null float64
SibSp          891 non-null int64
Parch          891 non-null int64
Ticket         891 non-null object
Fare           891 non-null float64
Cabin          204 non-null object
Embarked       889 non-null object
dtypes: float64(2), int64(5), object(5)
memory usage: 66.2+ KB
```

上述 12 列数据中,有 9 列数据是完整的,即有 891 条记录；Embarked 这一列数据缺失了两条；Age 这一列缺失了 177 条数据；Cabin 这一列的数据很不完整,只有 204 条记录。

(2) 描述性数据统计如下：

```
data_train.describe()
```

	PassengerId	Survived	Pclass	Age	SibSp	Parch	Fare
count	891.000000	891.000000	891.000000	714.000000	891.000000	891.000000	891.000000
mean	446.000000	0.383838	2.308642	29.699118	0.523008	0.381594	32.204208
std	257.353842	0.486592	0.836071	14.526497	1.102743	0.806057	49.693429
min	1.000000	0.000000	1.000000	0.420000	0.000000	0.000000	0.000000
25%	223.500000	0.000000	2.000000	20.125000	0.000000	0.000000	7.910400
50%	446.000000	0.000000	3.000000	28.000000	0.000000	0.000000	14.454200
75%	668.500000	1.000000	3.000000	38.000000	1.000000	0.000000	31.000000
max	891.000000	1.000000	3.000000	80.000000	8.000000	6.000000	512.329200

从描述性数据统计表的结果可以看出，平均生存率为 0.383838，说明遇难人数为一大半；Pclass 的平均值为 2.3，说明坐三等舱的乘客居多，因为通常三等舱的价格最便宜舱位最多；平均年龄为 29.7 岁，结合表格可以看出，很多成年人带了年幼的小孩，导致平均年龄较小。

7.1.3 数据基本分析

1．乘客属性分布

```
In[2]:
import matplotlib.pyplot as plt
fig = plt.figure()
plt.rcParams['font.sans-serif'] = ['KaiTi']
plt.rcParams['axes.unicode_minus'] = False
fig.set_size_inches(12, 12)            #设置画布尺寸
plt.subplot2grid((2,2),(0,0))
data_train.Survived.value_counts().plot(kind = 'bar')
plt.title(u"获救情况 (1 为获救)")
plt.ylabel(u"人数")
plt.subplot2grid((2,2),(0,1))
data_train.Pclass.value_counts().plot(kind = "bar")
plt.ylabel(u"人数")
plt.title(u"乘客等级分布")
plt.subplot2grid((2,2),(1,0))
data_train.Embarked.value_counts().plot(kind = 'bar')
plt.title(u"各登船口岸上船人数")
plt.ylabel(u"人数")
plt.subplot2grid((2,2),(1,1))
data_train.Age[data_train.Pclass == 1].plot(kind = 'kde')
data_train.Age[data_train.Pclass == 2].plot(kind = 'kde')
data_train.Age[data_train.Pclass == 3].plot(kind = 'kde')
plt.xlabel(u"年龄") # plots an axis lable
plt.ylabel(u"密度")
plt.title(u"各等级的乘客年龄分布")
plt.legend((u'头等舱', u'二等舱',u'三等舱'),loc = 'best')
plt.show()
Out[2]:
```

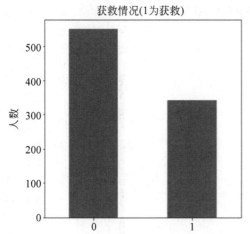
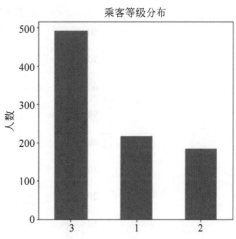

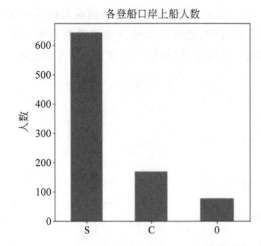
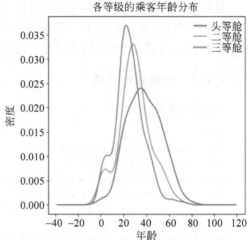

从输出的 4 个图可以看出：遇难人数占一大半；三等舱位的乘客最多，按照出行常识，应该是三等舱座位多价格便宜；多数人从 S 口上船，是不是可以推测 S 口是普通登船口，C 口和 Q 口是专用登船口；三等舱人数＞二等舱人数＞一等舱人数，头等舱乘客年龄＞二等舱乘客年龄＞三等舱乘客年龄，这是因为年龄越大，财富越多，越倾向于买高档的舱位；二等舱和三等舱多数人的年龄介于 20～40，并且二等舱和三等舱人数比较多，这可以和平均年龄 29.7 岁相呼应。

2．年龄属性与获救的关联

```
In[3]:
fig = plt.figure()
fig.set_size_inches(12, 12)             # 设置画布尺寸
plt.subplot2grid((2,2),(0,0))
plt.scatter(data_train.Survived, data_train.Age)
plt.ylabel(u"年龄")                      # 设定纵坐标名称
plt.grid(b = True, which = 'major', axis = 'y')
plt.title(u"按年龄看获救分布 (1 为获救)")
plt.show()
Out[3]:
```

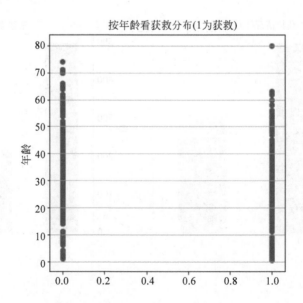

输出图中的点表示有这个年龄。可以看出,无论是获救(x=1.0)还是未获救(x=0.0)都有年龄分布,没有什么规律。但是,65~75岁的年龄段没有获救的人,但有遇难的人,考虑到这个年龄段的乘客数量很少,可能说明不了什么问题。

3. 舱位等级与获救的关联

```
In[4]:
fig = plt.figure()
Survived_0 = data_train.Pclass[data_train.Survived == 0].value_counts()
Survived_1 = data_train.Pclass[data_train.Survived == 1].value_counts()
df = pd.DataFrame({u'获救':Survived_1, u'未获救':Survived_0})
df.plot(kind = 'bar', stacked = True)
plt.title(u"各乘客等级的获救情况")
plt.xlabel(u"乘客等级")
plt.ylabel(u"人数")
plt.show()
Out[4]:
```

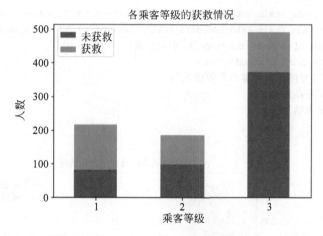

由输出图可以看出,头等舱的获救机会>二等舱的获救机会>三等舱的获救机会。说明舱位越好,获救的概率越高。

4. 性别与获救的关联

```
In[5:
fig = plt.figure()
Survived_m = data_train.Survived[data_train.Sex == 'male'].value_counts()
Survived_f = data_train.Survived[data_train.Sex == 'female'].value_counts()
df = pd.DataFrame({u'男性':Survived_m, u'女性':Survived_f})
df.plot(kind = 'bar', stacked = True)
plt.title(u"按性别看获救情况")
plt.xlabel(u"性别")
plt.ylabel(u"人数")
plt.show()
Out[5]:
```

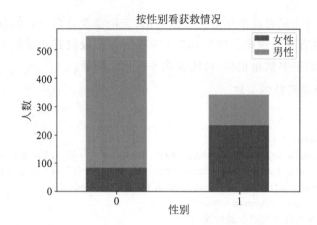

5. 登船港口的获救情况

```
In[6]:
fig = plt.figure()
Survived_0 = data_train.Embarked[data_train.Survived == 0].value_counts()
Survived_1 = data_train.Embarked[data_train.Survived == 1].value_counts()
df = pd.DataFrame({u'获救':Survived_1, u'未获救':Survived_0})
df.plot(kind = 'bar', stacked = True)
plt.title(u"各登陆港口乘客的获救情况")
plt.xlabel(u"登陆港口")
plt.ylabel(u"人数")
plt.show()
Out[6]:
```

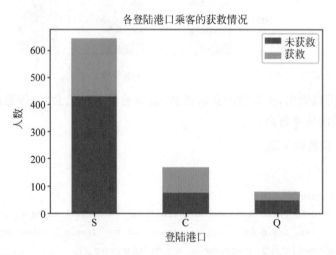

由输出图可以看出，C 港口获救概率要高一点，S 港口和 Q 港口的获救概率较低。

7.1.4 数据预处理

数据分析完之后，可以对部分数据进行预处理。

1. Cabin 列和 Age 列数据的预处理

由于 Cabin 列和 Age 列缺失较多，因此先对这两个字段进行处理。

Cabin 列的数据按前面的分析，可处理成 Yes 和 No 两种类型。

对于 Age 列的数据，通常遇到缺失值的情况，有如下 4 种常见的处理方式。

（1）如果缺失值的样本占总数比例极高，可以直接舍弃。如果作为特征加入，会增加噪声，影响最后的结果。

（2）如果缺失值的样本适中，而该属性非连续值特征属性（如类目属性），则把 NaN 作为一个新类别，加到类别特征中。

（3）如果缺失值的样本适中，而该属性为连续值特征属性，有时候我们会考虑给定一个步长（如本例的 age，可以考虑每隔 2/3 岁为一个步长），然后把它离散化，之后把 NaN 作为一个新类别加到属性类目中。

（4）如果缺失值的样本比例较少，则可以根据已有的值，拟合数据，将缺失值补全。

本例中，后两种处理方式都是可行的，下面先按第（4）种方式拟合补全 Age 数据。这里用 scikit-learn 机器学习库中的随机森林（Random Forest）方法拟合缺失的年龄数据。具体代码如下：

```
In[7]:
from sklearn.ensemble import RandomForestRegressor
### 使用 RandomForestClassifier 填补缺失的年龄属性
def set_missing_ages(df):
    # 把已有的数值型特征取出来存入 Random Forest Regressor 中
    age_df = df[['Age','Fare', 'Parch', 'SibSp', 'Pclass']]
    # 乘客分成已知年龄和未知年龄两部分
    known_age = age_df[age_df.Age.notnull()].as_matrix()
    unknown_age = age_df[age_df.Age.isnull()].as_matrix()
    # y 即目标年龄
    y = known_age[:, 0]
    # X 即特征属性值
    X = known_age[:, 1:]
    # fit 到 RandomForestRegressor 之中
    rfr = RandomForestRegressor(random_state = 0, n_estimators = 2000, n_jobs = -1)
    rfr.fit(X, y)
    # 用得到的模型进行未知年龄结果预测
    predictedAges = rfr.predict(unknown_age[:, 1:])
    # 用得到的预测结果填补原缺失数据
    df.loc[df.Age.isnull(), 'Age'] = predictedAges
    return df, rfr
def set_Cabin_type(df):
    df.loc[ (df.Cabin.notnull()), 'Cabin' ] = "Yes"
    df.loc[ (df.Cabin.isnull()), 'Cabin' ] = "No"
    return df
data_train, rfr = set_missing_ages(data_train)
data_train = set_Cabin_type(data_train)
```

2．特征因子化

由于使用逻辑回归分析方法建模时，需要输入的特征都是数值型特征，因此通常会先对类目型的特征因子化。什么叫作因子化呢？以 Cabin 为例，原本它只是一个属性，因为其取值可以是['yes','no']，而将其平展开为 Cabin_yes 和 Cabin_no 两个属性。

原本 Cabin 取值为 yes 的,在此处的 Cabin_yes 下取值为 1,在 Cabin_no 下取值为 0;原本 Cabin 取值为 no 的,在此处的 Cabin_yes 下取值为 0,在 Cabin_no 下取值为 1。这里使用 Pandas 的 get_dummies 完成这个工作,并拼接在原来的 data_train 之上,代码如下:

```
In[8]:
dummies_Cabin = pd.get_dummies(data_train['Cabin'], prefix = 'Cabin')
dummies_Embarked = pd.get_dummies(data_train['Embarked'], prefix = 'Embarked')
dummies_Sex = pd.get_dummies(data_train['Sex'], prefix = 'Sex')
dummies_Pclass = pd.get_dummies(data_train['Pclass'], prefix = 'Pclass')
df = pd.concat([data_train, dummies_Cabin, dummies_Embarked, dummies_Sex, dummies_Pclass], axis = 1)
df.drop(['Pclass', 'Name', 'Sex', 'Ticket', 'Cabin', 'Embarked'], axis = 1, inplace = True)
```

上面的程序是将 Cabin 处理成 Cabin_yes 和 Cabin_no, Embarked 处理成 Embarked_C、Embarked_Q 和 Embarked_S, Sex 处理成 Sex_Male 和 Sex_Female, Pclass 处理成 Pclass_1、Pclass_2 和 Pclass_3;接着用 concat() 函数将这些新的属性连接到 DataFrame 中;再通过 drop() 函数将原先的 Pclass、Name、Sex、Ticket、Cabin 和 Embarked 这 6 个属性从 DataFrame 中去掉。

3. 数据标准化

注意:Age 和 Fare 这两个属性的数据取值范围太大,这将对逻辑回归的收敛造成不利的影响。处理方法是将其标准化。标准化就是将特征数据的分布调整成标准正态分布,也叫高斯分布,也就是使得数据的均值为 0、方差为 1。

7.1.5 逻辑回归建模

1. 建立模型

把需要的特征字段取出来,转成 NumPy 格式,使用 scikit-learn 机器学习库中的 LogisticRegression 来生成模型。

```
In[9]:
from sklearn import linear_model
# 用正则法取出需要的属性值
train_df = df.filter(regex = 'Survived|Age_.*|SibSp|Parch|Fare_.*|Cabin_.*|Embarked_.*|Sex_.*|Pclass_.*')
train_np = train_df.as_matrix()
# y 即 Survival 结果
y = train_np[:, 0]
# X 即特征属性值
X = train_np[:, 1:]
# fit 到 LogisticRegression 之中
clf = linear_model.LogisticRegression(C = 1.0, penalty = 'l1', tol = 1e - 6)
clf.fit(X, y)
clf
```

建立的模型如下:

Out[9]:
```
LogisticRegression(C=1.0, class_weight=None, dual=False, fit_intercept=True,
          intercept_scaling=1, max_iter=100, multi_class='ovr', n_jobs=1,
          penalty='l1', random_state=None, solver='liblinear', tol=1e-06,
          verbose=0, warm_start=False)
```

2. 对测试数据集进行预处理

测试集预处理的过程和训练集的预处理过程一样,此处不再重复。

```
In[10]:
data_test = pd.read_csv("c:/titanic/test.csv")
data_test.loc[ (data_test.Fare.isnull()), 'Fare' ] = 0
# 接着对 test_data 做和 train_data 中一致的特征变换
# 首先用同样的 RandomForestRegressor 模型补全丢失的年龄
tmp_df = data_test[['Age','Fare', 'Parch', 'SibSp', 'Pclass']]
null_age = tmp_df[data_test.Age.isnull()].as_matrix()
# 根据特征属性 X 预测年龄并将其补上
X = null_age[:, 1:]
predictedAges = rfr.predict(X)
data_test.loc[ (data_test.Age.isnull()), 'Age' ] = predictedAges
data_test = set_Cabin_type(data_test)
dummies_Cabin = pd.get_dummies(data_test['Cabin'], prefix = 'Cabin')
dummies_Embarked = pd.get_dummies(data_test['Embarked'], prefix = 'Embarked')
dummies_Sex = pd.get_dummies(data_test['Sex'], prefix = 'Sex')
dummies_Pclass = pd.get_dummies(data_test['Pclass'], prefix = 'Pclass')
df_test = pd.concat([data_test, dummies_Cabin, dummies_Embarked, dummies_Sex, dummies_Pclass], axis = 1)
df_test.drop(['Pclass', 'Name', 'Sex', 'Ticket', 'Cabin', 'Embarked'], axis = 1, inplace = True)
df_test['Age_scaled'] = scaler.fit_transform(df_test['Age'].values.reshape(-1, 1), age_scale_param)
df_test['Fare_scaled'] = scaler.fit_transform(df_test['Fare'].values.reshape(-1, 1), fare_scale_param)
df_test
```

3. 预测

对预处理后的测试数据集进行预测。

```
In[11]:
test = df_test.filter(regex = 'Age_.*|SibSp|Parch|Fare_.*|Cabin_.*|Embarked_.*|Sex_.*|Pclass_.*')
predictions = clf.predict(test)
result = pd.DataFrame({'PassengerId':data_test['PassengerId'].as_matrix(), 'Survived':predictions.astype(np.int32)})
result.to_csv("predicted_result.csv", index = False)
result
```
Out[11]:

	PassengerId	Survived
0	892	0
1	893	1

2	894	0
3	895	0
4	896	1
5	897	0
6	898	1
7	899	0
8	900	1
9	901	0
10	902	0
11	903	0
12	904	1

因为模型比较粗糙,因此预测准确率为 76.55%。

7.2 本章小结

本章主要介绍了机器学习的基本过程,并通过经典案例"泰坦尼克"事件生存率预测,使读者更加全面地了解数据处理的基本步骤。

参 考 文 献

[1] 裘宗燕. 从问题到程序用 Python 学编程和计算[M]. 北京：机械工业出版社，2017.
[2] 江红，余青松. Python 程序设计与算法基础教程[M]. 北京：清华大学出版社，2019.
[3] 夏敏捷，程传鹏，韩新超，等. Python 程序设计——从基础开发到数据分析(微课版)[M]. 北京：清华大学出版社，2019.
[4] 杨年华，柳青，郑戟明. Python 程序设计教程[M]. 2 版. 北京：清华大学出版社，2019.
[5] 沙行勉. 编程导论——以 Python 为舟[M]. 2 版. 北京：清华大学出版社，2019.
[6] 嵩天，礼欣，黄天宇. Python 语言程序设计基础[M]. 北京：高等教育出版社，2017.
[7] 韩瀛，杨光煜，刘婧，等. 计算机基础及 Python 程序设计基础[M]. 北京：清华大学出版社，2020.
[8] 卢博米尔·佩尔科维奇. 程序设计导论——Python 计算与应用开发实践[M]. 江红，余青松，译. 北京：机械工业出版社，2019.
[9] 约翰·策勒. Python 程序设计[M]. 3 版. 王海鹏，译. 北京：人民邮电出版社，2018.
[10] 关东升. Python 编程指南[M]. 北京：清华大学出版社，2019.
[11] FANDANGO A. Python 数据分析[M]. 2 版. 北京：人民邮电出版社，2018.
[12] 张玉宏. Python 极简讲义：一本书入门数据分析与机器学习[M]. 北京：电子工业出版社，2020.
[13] 曹洁，崔霄. Python 数据分析[M]. 北京：清华大学出版社，2020.
[14] 吴振宇，李春忠，李建锋. Python 数据处理与挖掘[M]. 北京：人民邮电出版社，2020.
[15] 尚涛. Python 数据分析全流程实操指南[M]. 北京：北京大学出版社，2020.
[16] 江雪松，邹静. Python 数据分析[M]. 北京：清华大学出版社，2020.
[17] 汤羽，林迪，范爱华，等. 大数据分析与计算[M]. 北京：清华大学出版社，2018.
[18] 朝乐门. 数据科学理论与实践[M]. 2 版. 北京：清华大学出版社，2019.
[19] 王衡军. 机器学习：Python＋sklearn＋TensorFlow 2.0[M]. 北京：清华大学出版社，2020.
[20] 王文，周苏. 大数据可视化[M]. 北京：机械工业出版社，2018.